스페인
소도시
여행

trip to
small towns
in Spain

KB207994

예술가들이 사랑한 마을을 걷다

스페인 소도시 여행

trip to
small towns
in Spain

박정은 지음

새벽 2시. 안방에서 곤히 자는 아이가 깰까 조마조마한 마음으로 컴퓨터 자판을 두드린다. 출판사로 보낼 교정지를 정리해 봉투에 넣어두었는데, 다시 꺼내 보고 싶은 마음을 수백 번 억누른다. 이걸 참는 것도 고역이다. 한 번 더 봐야 하는데, 한 번 더 봐야 하는데…….

스페인은 여러 번 여행했지만 책을 쓰기 위해 다녀온 것은 처음이다. 스페인에 대한 관심은 33살에 떠난 중남미 여행에서 스페인어를 배우며 시작됐다. 그러던 와중에 유럽 대륙으로 넘어와 순례자의 길을 걷게 된다. 순례자의 길은 내게 큰 깨달음이자 행운의 길이었다. 이 길에서 스페인 사람들의 넉넉한 인심에 감동하고, 감칠맛 나는 스페인 음식에 반해 스페인에 대한 열렬한 사랑이 시작됐다. 때문에 출판사에서 스페인에 관한 책을 쓰자고 연락이 왔을 때 뛸 듯이 반가웠다. 이번 기회에 또 스페인 곳곳을 누비고, 공부도 하고, 무엇보다 맛있는 스페인 음식을 맘껏 즐길 수 있을 거라 생각하니 자다가도 웃음이 나왔다.

일정은 순탄했다. 비행기 표를 끊고, 자료 준비를 하고, 여행 루트도 짰다. 물론 돌이 갓 지난 딸아이를 두고 다녀오면 엄마를 못 알아볼까 걱정이 되긴 했다. 그런데 떠나기 며칠 전, 덜컥 문제가 생겼다. 아이를 돌보기로 약속했던 신랑이 취직을 하게 된 것이다. 다른 때 같으면 기쁜 일이 틀림없는데, 순간 앞이 캄캄해졌다. 아무리 고민해봐도 아이를 맡아줄 사람은 없고, 내 새끼는 내가 책임져야 한다는 생각에 결국 나는 돌이 갓 지난 딸아이를 데리고 취재 여행을 떠났다.

집에서는 무언가를 짚어야 겨우 걸었던 아이는 스페인에서 걸음마를 익혀 스스로 걷게 됐다. 그렇게 스페인의 크고 작은 마을 서른한 곳을 다녀왔다. 이전에 다녀온 마을까지 합하면 족히 오십여 곳은 될 것이다. 몇몇 이유로 다녀온 마을을 전부 소개하지는 못 하는 게 안타깝기만 하다.

〈스페인 소도시 여행〉에서는 우리나라에 잘 알려지지 않은 소도시, 그리고 대도시라 할지라도 그곳을 찾았을 때 막상 놓치게 되는 예술가나 작품 이야기를 하려고 노력했다. 소도시들 또한 그곳에서의 감상을 이야기하기보다는 실타래처럼 엮인 역사와 문화 이야기를 재미있게 풀어내려고 애썼다. 때문에 글이 지루해지지 않을까 조금 고민됐지만, 책을 읽은 독자들이 정말 스페인으로 여행을 떠나게 될 때를 생각했다. 여행지에 그저 들렀다 오는 것이 아닌, 좀 더 깊고 조금은 다른 시선으로 그곳을 바라볼 수 있기를 바라는 마음으로 글을 썼다. 여행은 아는 만큼 느끼고 이해하고 또 보게 되기 때문이다.

모쪼록 독자들이 이 책을 읽음으로써 더욱 깊이 있고 재미있는 여행을 하길 바란다. 자료 조사에 만전을 기했지만, 혹 부족하거나 잘못된 부분이 있다면 언제든지 질타와 조언의 말씀을 부탁드리고 싶다. 여행에 대한 문의도 환영이다.

마지막으로 아이를 따뜻하게 보살펴주신 이번 책 최고의 조력자 장은애 선생님, 한별 어린이집의 이수연 원장선생님과 김금숙 담임선생님, 주말에 투덜거리면서도 종종 아이를 데리고 키즈카페로 향했던 신랑, 따끈한 그라나다 정보를 알려준 프림(진광선), 멋진 플라멩코 사진을 협찬해준 전하상 군, 언제나 조언을 아끼지 않는 전혜진 양, 그리고 진도 느린 아기엄마와 함께 일하느라 힘들었을 조혜영 편집자님에게 감사의 말씀을 전합니다.

무엇보다 언제나 함께한 나의 분신 김.은.수! 책 쓰느라 네게 소홀해서 미안하다. 너는 엄마보다 강한 여행자의 피를 지녔단다. 앞으로도 엄마와 수십 개의 나라를 함께 여행하자꾸나. 사랑한다, 두 돌이 된 내 딸아.

2012년 5월 박정은

마드리드와 카스티야 지방

갈리시아와 바스크 지방

이 책에서 소개할 스페인의 소도시들

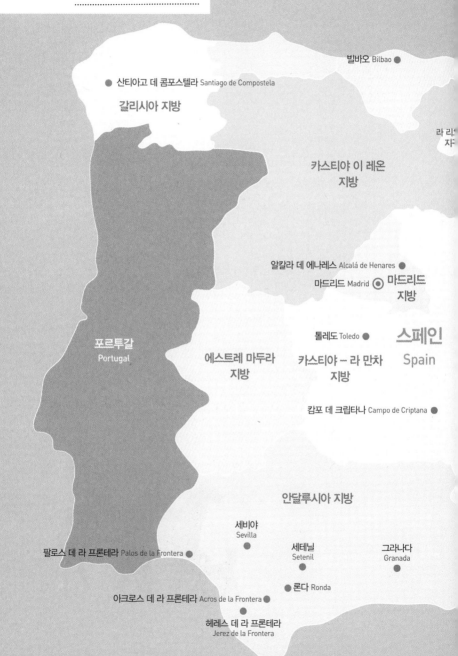

빌바오 Bilbao ●

● 산티아고 데 콤포스텔라 Santiago de Compostela

갈리시아 지방

라 리
자

**카스티야 이 레온
지방**

알칼라 데 에나레스 Alcalá de Henares ●

마드리드 Madrid ◉ **마드리드
지방**

톨레도 Toledo ●

**스페인
Spain**

**포르투갈
Portugal**

**에스트레 마두라
지방**

**카스티야 – 라 만차
지방**

캄포 데 크립타나 Campo de Criptana ●

안달루시아 지방

세비야
Sevilla

세테닐
Setenil

그라나다
Granada
●

팔로스 데 라 프론테라 Palos de la Frontera ●

● 론다 Ronda

아크로스 데 라 프론테라 Acros de la Frontera ●

헤레스 데 라 프론테라
Jerez de la Frontera

프랑스
France

나바라

아라곤 지방

카탈루냐 지방

카다케스
Cadaqués

베살루 Besalú

피게레스 Figueres

푸볼 Púbol

몬세라트 Montserrat

바르셀로나
Barcelona

테루엘 Teruel

발렌시아 Valencia

발렌시아
지방

무르시아
지방

아프리카 대륙
Africa

Teruel

아라곤과
발렌시아 지방

Valencia

사랑의 기억과 하몽의 매력

테루엘

Teruel

16세기 중반 영국에서는 이탈리아를 배경으로 한 사랑 이야기가 유행했다. 그 유명한 셰익스피어 역시 유행에 뒤질세라 기존문학을 모티브로 희곡을 쓰게 된다. 그렇게 나온 것이 바로 불후의 명작 〈로미오와 줄리엣 Romeo and Juliet〉이다.

〈로미오와 줄리엣〉은 오랫동안 허구로 알려졌지만, 이탈리아 베로나에 비슷한 이름의 가문과 인물이 실제로 존재했다고 알려지면서 실화에 바탕을 둔 이야기로 더욱 주목받는다. 〈로미오와 줄리엣〉의 실제 배경이라니 이 얼마나 로맨틱한가! 당시 나는 옆구리가 시린 솔로였던지라 '사랑의 기氣'를 받고자 베로나를 찾았다.

이탈리아 베로나에는 로미오의 집Casa di Romeo과 줄리엣의 집Casa di Giulietta이 있다. 모두 13세기에 만들어진 명문가의 집이다. 이곳에서 로맨틱한 눈빛의 연인들은 다정하게 키스를 나눈다. 줄리엣의 발코니에 서 있는 여자친구를 올려다보며 사랑의 프로포즈를 하는 남자도 있다. 손발이 오그라들고 닭살 돋는 애정행각이 넘쳐나지만 괜찮다. 이곳은 사랑의 성지, 줄리엣의 집이니까.

스페인의 테루엘에도 이와 꼭 닮은 이야기가 있다. '로미오와 줄리엣'은 14세기 이야기지만, '테루엘의 연인Los Amantes de Teruel'은 그보다 앞선 13세기 초에 있었던 일이란다. 연인의 이름은 디에고[Diego Juan Martinéz de Marcilla] 와 이사벨[Isabel de Segura]. 이들의 사랑 이야기는 이렇다. 이사벨은 부유한 가문의 외동딸로 태어났지만, 디에고는 가난한 집안의 아들이었다. 둘은 우연히 만나 첫눈에 반해 사랑에 빠진다. 디에고는 둘의 만남을 반대하는 이사벨의 아버지를 찾아가, 자신이 비록 지금은 가진 돈이 없지만 5년 뒤에 부자가 되어 돌아오면, 그때는 이사벨과의 결혼을 허락해주겠느냐고 묻는다. 그러자 이사벨의 아버지는 이를 허락하고 디에고는 돈을 벌러 떠난다. 그러고는 5년 동안 무어인들과의 전투에 참여해 큰돈을 번다. 그동안 이사벨의 아버지는 딸에게 결혼할 것을 계속 종용하지만, 이사벨은 그때마다 신부 수업을 핑계 삼아 조금만 더 기다려 달라고 한다. 그렇게 시간이 흘러 디에고가 약속한 5년이 지났건만, 디에고는 돌아오지 않는다. 이사벨은 하는 수 없이 아버지 뜻대로 결혼하기로 한다.

성대한 결혼식이 열리는 날, 마침내 디에고가 마을에 도착한다(타이밍이 기가 막히다). 이사벨이 결혼했다는 소식을 들은 디에고는 밤에 몰래 신방을 찾아가 이사벨에게 애원한다.

"키스해주오, 내 사랑! 아니면 난 죽어버릴 거요."

그러자 이사벨이 대답한다.

"오, 디에고! 이제 나는 다른 남자의 아내가 되었어요. 남편을 배신할 수는 없어요. 신이 결코 허락하지 않을 거예요. 그러니 이젠 나를 잊고 다른 사람을 찾으세요."

디에고는 다시 한 번 간청하지만 이사벨은 끝내 거절한다. 이에 절망한 디에고는 곧바로 뛰어내려 스스로 목숨을 끊는다. 이사벨의 비명을 듣고 깨어난 남편은 자초지종을 듣고 이사벨의 절개를 추켜세운다.

디에고의 시신은 성당으로 옮겨진다. 그런데 그 뒤를 따라간 사람이 있으니, 바로 이사벨이었다. 이사벨은 디에고에게 입을 맞추고, 디에고의 시신 옆에서 자살한다. 사람들은 죽은 후에라도 이들을 함께 묻어주자고 했고, 둘은 그렇게 죽어서야 비로소 함께하게 된다.

이 이야기는 입에서 입으로 전해지다 16세기에 더욱 구체화됐다. 그러다 1854년, 산 페드로 성당Iglesia de San Pedro의 보수공사를 위해 지하를 파 내려가다 연인의 미이라가 발견된다. 수백 년간 누군가 꾸며낸 것이라 여겨진 이야기가 사실로 확인되는 순간이었다.

솔직히 나는 별 기대 없이 박물관으로 향했다. 최근에 새롭게 보수된 모습에 기대감이 살짝 떨어졌기 때문인데 박물관 안으로 들어가자마자 깜짝 놀라고 말았다. 이렇게 아름다운 연인의 묘를 보게 될 줄은 상상조차 못했다. 두 개의 관이 나란히 놓여 있고 각 관 위에는 젊고 아름다운 이사벨과 디에고가 누워 있는 모습이 조각돼 있다. 평온한 얼굴로 서로 손을 잡고 있는 모습에 코끝이 찡해온다. 천장의 돔은 스테인드글라스로 장식됐는데 햇살의 세기에 따라 영롱한 색들이 연인을 비추며 따뜻하게 감싼다. 그런데 언뜻 봤을 땐 둘이 서로 손을 잡은 줄 알았는데 가까이 다가가서 보니 연인의 손은 닿을 듯 말 듯했다. 직원에게 물어보니, 이사벨이 결혼한 여성이기 때문에 이렇게 표현한 것이란다.

설사 이들이 허구의 인물이라 할지라도 이토록 아름다운 무덤을 봤으니 충분히 만족스러웠다. 그렇게 생각하며 옆 건물인 산 페드로 성당으로 가려던 찰나, 누군가 관 아래 돌 장식 틈을 유심히 들여다본다. 나도 따라 눈길을 주는데, 어머나! 그곳에 미이라가 있었다. 13세기 초의 디에고와 이사벨의 미이라! 나도 모르게 카메라를 들이대자 직원이 막아선다. 생각해보니 망자에 대한 예의가 아니다. 마음을 진정하고 다음 층으로 내려가니 연인의 미이라가 처음 발견됐을 때의 상황을 설명해놓은 방이 있다.

그리고 이어지는 방에는 세기의 연인들에 관한 전시물이 보인다. 클레오파트라와 안토니우스, 트리스탄과 이솔데, 로미오와 줄리엣, 칼리스토와 멜리베아, 오셀로와 데스데모나 등 또 다른 연인들의 사랑 이야기들이 끝없이 펼쳐진다.

갑자기 소나기가 쏟아졌다. 일단 마을의 중심가인 토리코 광장^{Plaza del Torico}으로 뛰었다. 광장을 둘러싼 한 건물 앞에서 비가 멈추길 기다리는데 어디선가 왁자지껄한 소리가 들려온다. 누군가의 결혼식이 있었나 보다. 남자들은 정장을, 여자들은 빛 고운 공단 드레스를 차려 입고 테이블에 앉아 술기운 오른 얼굴로 유쾌하게 떠든다. 술을 파는 바^{Bar}인가 하고 가게 앞에 놓인 메뉴판을 들여다보니 식사 메뉴가 있다. 옳거니, 잘됐다. 비도 피할 겸 출출한 배도 채울 겸 가게 안으로 들어갔다.

자리에 앉아 메뉴판을 자세히 살피니, 오, 이곳은 하몽^{Jamón} 전문점이로구나. 스페인의 대표적인 음식을 꼽으라면 보통은 '파에야'를 떠올리지만, 파에야는 발렌시아 지방의 대표 음식이다. 스페인 여행을 제대로 했다면 누구나 주저 없이 하몽을 꼽는다. 하몽은 스페인 전통음식으로, 돼지 뒷다리를 천연소금에 절인 다음, 건조하여 만든 생햄이다. 이탈리아의 프로슈토^{Prosciutto}와 비슷한 생햄이지만, 맛이나 색이 완전히 다르다. 프로슈토가 밝은 색상의 부드러운 맛이라면, 하몽은 육포처럼 진한 색상에 맛이 두드러진다.

하몽을 만드는 방법은 이렇다. 먼저 손질한 뒷다리를 2주간 천연소금에 덮어둔다. 이 과정에서 고기의 수분이 빠지고 염분이 고기 안으로 배어든다. 2주가 지나면 세척과정을 거쳐 6개월 동안 천장에 대롱대롱 매달아 건조한다. 지역에 따라 6~18개월이 지나면 완성되는데, 하몽의 품질

테루엘의 중심, 토리코 광장. 작은 광장의 중심에는 앙증맞은 소 동상이 세워져 있다.

에 가장 큰 영향을 끼치는 것은 바람과 온도다. 질 좋은 하몽은 주로 기온이 낮고 건조한 산악지역에서 생산된다. 해발 915m의 산에 있는 테루엘이 바로 그런 곳이다.

테루엘의 하몽은 해발 800m 이상의 산에서 방목해 키운 돼지로 만드는 하몽 세라노Jamón Serrano로, 최소 14개월이 걸린다고 한다. 하몽 세라노는 '산에서 생산된 하몽'이란 뜻이다. 하몽 이베리코Jamón Ibérico는 떡갈나무 숲에서 18개월 이상 도토리만 먹인 흑돼지로 만들어 가격이 훨씬 비싸다. 스페인 서쪽과 서남쪽의 카세레스Cáceres, 바다호스Badajoz, 세비야Sevilla, 코르도바Córdoba, 우엘바Huelva가 주산지다. 그중에서 우엘바의 작은 마을, 하부고Jabugo의 하몽이 가장 유명하다.

하몽을 먹는 방법은 아주 다양하단다. 가장 간단하게는 식사용 빵에 얇게 저민 하몽을 넣고 샌드위치로 먹는다. 부드럽고 구수한 빵은 하몽의 깊은 맛을 음미하기에 제격이다. 또 다른 방법은 와인을 마실 때 타파스로 먹는다. 하몽은 와인과도 찰떡궁합을 자랑한다. 그러나 뭐니 뭐니 해도 달콤한 멜론과 함께 먹을 때 최고의 맛을 느낄 수 있다. 하몽의 짭조름한 맛과 달콤한 멜론의 환상적인 조화는, 음, 먹어보지 않은 사람은 죽었다 깨어나도 모른다. 테루엘의 하몽은 어떤 맛일까 궁금했다.

메뉴판을 보고 테루엘 특산 하몽을 주문했다. 가격도 7유로 정도로 비싸지 않았는데, 접시 한가득 하몽이 나온다. 역시 주산지라 뭐가 다르긴 다르다. 비스킷과 올리브유, 토마토가 함께 나왔는데 어떻게 먹는지 잘 모르겠다. 어쩌지?

입 안에 침은 고이고, 얼른 손을 들어 직원을 불렀다.

"어떻게 먹는 거죠?"

영어를 못하는 직원이 직접 시범을 보여준다. 먼저, 비스킷에 올리브유를 바르고, 그 위에 토마토 퓨레를 바른 하몽을 얹어 먹으란다. 유분이 있는 음식을 먼저 올리고 그다음에 수분이 있는 음식을 올리는 것이다. 토스트에 버터와 잼을 바르는 방식과 같다. 카나페처럼 비주얼도 훌륭하다. 으흠, 그럼 맛을 한번 볼까?

한 입 베어 문다. 바사삭. 올리브유가 스며든 비스킷에서 고소함이 느껴지고, 토마토는 바삭한 비스킷 때문에 텁텁한 입 안을 촉촉이 적셔준다. 오늘의 주인공인 하몽은 처음엔 짭조름한 맛이 나다가 조금 지나면 고기 특유의 묵직하고 깊은 맛이 우러난다. 씹으면 씹을수록 고산지대 바람과 기온으로 숙성된 감칠맛이 침샘을 자극한다. 목으로 넘기기가 너무 아깝다.

'이것이 음식의 마리아주, 환상의 궁합이로구나!'

혼자서 맛난 음식을 먹으니 친구들이 생각난다. 테루엘에 친구들과 함께 왔다면 정말 좋았을 텐데 아쉽다. 왁자지껄 떠들며 함께 웃어주는 친구들이 그리운 밤이다.

하몽은 돼지의 발톱까지 모두 드러낸다. 이는 하몽 세라노와 하몽 이베리코를 쉽게 구분하기 위해서다.
테루엘에서 하몽을 먹을 때는, 비스킷에 올리브유를 바르고 토마토 퓨레를 바른 후 하몽을 올려 먹는다.
하몽의 가장 베이식한 맛을 느끼고 싶다면 하몽만 넣은 바게트 샌드위치를 주문하면 된다.

Teruel 23

가 보 기 ....

테루엘은 아라곤 지방의 해발 915m 산에 있는 마을로, 무데하르Mudéja 양식의 건물이 잘 보존돼 있어 유네스코 세계문화유산으로 등재된 곳이다. '무데하르'란 기독교도가 이베리아 반도를 재탈환 한 후 그대로 스페인에 남은 이슬람교도를 뜻한다.

이곳은 사라고사에서 기차와 버스로 갈 수 있다. 기차가 버스보다 편리한데 2시간 20분 정도 걸리고, 버스는 3시간 10분이 걸린다.

기차 www.renfe.es
버스 www.estacion-zaragoza.es
테루엘 관광청 turismo.teruel.net

맛 보 기 ....

로케린 Rokelin

하몽 전문점에서 운영하는 바Bar로 타파스나 샌드위치 같은 하몽 요리를 맛볼 수 있다. 커피와 간단한 식사도 제공한다.

address Calle Rincón, 2
telephone 978 61 18 69
url www.rokelin.com

머 물 기 ....

테루엘 중심가는 산 위에 있다. 기차역을 나오면 정면에 무데하르 스타일로 화려하게 장식된 계단이 보이는데 그 위로 올라가야 한다(종종 고장 나기는 하지만 엘리베이터가 있다). 오래 머물지 않는다면 되도록 덜 높은 곳에 숙소를 정하는 것이 좋다.

오텔 스위트 카마레나 Hotel Suite Camarena

기차역에서 나와 구시가지로 올라오면 바로 가까이에 있는 호텔이다. 위치가 좋고 합리적인 가격으로 인기가 높다. 호텔은 일찍 예약해두는 것이 좋다.

address Urbanización Pinilla – Edificio Camarena
telephone 978 62 30 30

테루엘 역

로케린

세르코텔 토리코 플라사 Sercotel Tórico Plaza

언덕에 있어 가기엔 조금 힘들지만, 테루엘의 중심인 토리코 광장 바로 옆에 있다. 도시를 둘러보려면 이곳에 묵는 것이 좋다.

address Yague Salas, 5
telephone 978 60 86 55
url www.bacohoteles.com

둘러보기...........

연인의 영묘 Mausoleo de los Amantes

2005년에 문을 연 박물관으로 이사벨과 디에고의 시신이 안치돼 있다.

address C/ Matías Abad,3
telephone 978 61 83 98
url www.amantesdeteruel.es

산타 마리아 대성당 Catedral de Santa María de Mediavilla

13세기에 지어진 무데하르 양식의 대성당으로, 1986년 유네스코 세계문화유산으로 등재됐다.

address Calle de San Mambru, 12
telephone 978 61 80 16

연인의 영묘

산타 마리아 대성당

파에야의 유혹 그리고 오르차타

발렌시아

Valencia

'발렌시아'라는 이름이 귀에 익은 건 순전히 '발렌시아산 오렌지 100%'로 만든 주스 때문이다. 그래서 나는 스페인 발렌시아는 오렌지로 유명한 곳인 줄 알았다. 끝없이 펼쳐진 오렌지밭에 코끝에는 달콤한 오렌지 향이 떠나지 않는 그런 목가적인 마을……. 내 생각이 완전히 틀린 건 아니다. 단지 발렌시아가 오렌지로 유명하기는 한데, 내가 마시던 주스는 스페인산이 아닌 브라질산 발렌시아 오렌지였다는 게 문제라면 문제였달까. 발렌시아는 지명이 아닌 오렌지 품종이었던 것이다. 게다가 오렌지의 원산지가 스페인도 브라질도 아닌 인도라는 사실에 나는 또 한 번 깜짝 놀랐다. 그런데 왜 나는 인도에서 오렌지를 먹어본 기억이 없는 걸까?

오랫동안 잘못된 정보를 사실처럼 알고 있었다니 괜스레 미안한 마음이 들어 얼른 발렌시아에 관한 정보를 찾아봤다. 첫 번째 눈에 띈 문장은 이랬다. '스페인에서 세 번째로 큰 도시.' 이런, 내가 상상하던 목가적인 마을이 아니잖아! 대도시는 벌써 충분히 봤는데……. 좀 더 찾아보았다. 앗, '파에야Paella의 발상지'! 바로 이거다. 마음에 쏙 든다. 정확히 말하자면 발렌시아가 아니라 발렌시아 근처의 쌀 생산지인 타라고나Tarragona라는 작은 마을이지만, 파에야는 발렌시아 지방의 대표 음식이고 발렌시아는 발렌시아 지방의 주도니까 진짜 파에야 맛을 볼 수 있을 것이다. 난 이렇

고풍스러운 분위기의 기차역 내부

게 발렌시아를 찾게 됐다. 원조 파에야를 먹으러.

기차가 발렌시아 역에 다다르고 있었다. 스페인의 다른 대도시들은 여러 번 가봤지만 발렌시아는 처음이다. 대도시라니, 서울처럼 고층빌딩이 많고 세련된 분위기를 풍기겠지. 파에야가 유명한 곳이니까 관광객이 모이는 먹자골목에 가면 여기저기 파에야 간판들이 즐비할 거야. 오, 파에야! 갑자기 뱃속에서 밥 달라고 아우성이다. 발렌시아에서는 파에야를 실컷 먹어봐야지, 입 안에 고인 침을 꿀꺽 삼킨다.

어느새 기차가 역에 도착했다. 기차역은 현대적이지도, 크지도 않다. 오히려 고풍스러웠는데, 역의 정면에는 오렌지 나무에 둘러싸인 아름다운 여성과 발가벗은 포동포동한 아기들을 모자이크로 표현해놓았다. 한눈에 풍요로운 발렌시아가 그려진다. 기차역을 나서자 밝은 햇살 사이로 발렌시아가 내게 첫 인사를 한다. 반갑다, 발렌시아! 대도시라지만 생각보다 포근한 느낌이다. 오른편에는 투우 경기장이 있고 앞쪽으로는 고층 빌딩들이 늘어서 있다. 이리저리 두리번거리며 걷다가 도심 한가운데에 자리한 광장 앞 숙소에 짐을 풀었다. 꼬르륵 배꼽시계가 울린다. 시계를 보니 벌써 늦은 점심시간. 호텔 리셉션에서 근처의 싸고 맛있는 식당을 물으니 고맙게도 자기들이 잘 가는 식당을 알려준다.

호텔 코앞이라지만 간판조차 잘 보이지 않는 아주 작은 식당이라 하마터면 그냥 지나칠 뻔했다. 젊은 웨이트리스가 환한 표정으로 인사한다. "부에나스 타르데스^{Buenas Tardes}!"

영어를 못하는 귀여운 아가씨지만 무슨 말을 하는지는 다 알겠다. 웨이트리스는 식사할 것인지, 어떤 음료를 마실지 묻는다. 그러면 나는 메뉴판을 보고 전식, 본식, 후식을 선택하면 되니까 서로 말이 달라도 의사소통은 일사천리다. 전식에 반가운 파에야가 있어 주문했다. 발렌시아에서 먹는 첫 파에야. 파에야 전문식당만은 못하겠지만 그래도 발렌시아에서의 첫 음식은 파에야를 먹어야 하지 않겠는가.

보통 우리나라 여행자들은 스페인을 여행하면 누구나 파에야를 먹어본다. 그런데 먹는 곳이 대부분 바르셀로나나 마드리드다. 대개 2~3인분씩 주문하는데, 한 번에 여러 가지 맛을 보려고 믹스드 파에야^{Mixed Paella}(고기와 해산물을 함께 넣어 만든 파에야)를 주문한다. 하지만 맛을 본 후에는 뜻밖에도 파에야의 명성에 실망하는 사람이 많다. 너무 짜거나 쌀이 덜 익어 나오는 때가 잦고 무엇보다 가격과 비교하면 감탄할 맛이 아니기 때문이다. 차라리 우리나라에서 닭갈비를 다 먹고 나서 2,000원 더 내고 밥을 볶아먹는 게 훨씬 더 맛있다고나 할까. 나 역시 전에 이런 대도시에서 처음 파에야를 먹어봤는데, 꽤 비싼 식당에서 값을 치른 후에야 한 번 먹어본

스페인에서 본 시장 중 가장 아름다웠던 발렌시아 시장. 사람들도, 과일도 야채도 생기가 넘쳐흐른다.

체리가 250g 1유로, 1kg에 4유로. 우리나라에서 수입한 미국산 체리의 반값도 안되는 가격에 당도는 그야말로 하늘과 땅 차이이다.

스페인 시장에서 절대 빼놓을 수 없는 구경거리, 하몽

Valencia 33

걸로 위안을 삼았을 정도다. 그러나 발렌시아의 파에야는 분명 다르지 않을까? 원조라는 이름은 괜히 있는 게 아닐 테니 말이다.

드디어 파에야가 나왔다. 본식으로 나오는 파에야는 주문 즉시 무쇠 팬에 조리해 따끈따끈하게 나오지만, 전식으로 나오는 파에야는 샐러드처럼 차갑다. 커다란 무쇠팬에 여러 인분을 조리해 식혔다가 그때그때 내놓는다. 샛노란 사프란에 곱게 물든 밥이 먹음직스럽다. 그런데 양이 대단하다. 여행하면서 유럽 사람들에게 종종 놀랄 때가 있는데, 아침은 간에 기별이나 갈까 싶게 아주 조금 먹으면서 점심이나 저녁은 정말 '위대胃大'하게 먹을 때가 그렇다.

배가 고프긴 했지만, 전식이 우리네 한 끼 식사보다 양이 많은 걸 보고 그야말로 숨이 턱 막혔다. 그런데 빵과 작은 접시 한가득 파스타 샐러드까지 나오니까 나도 모르게 웃음이 나왔다. 다른 지역에서는 이렇게 메뉴에 없는 음식이 나오는 법이 없는데 발렌시아에서 우리네 식당의 밑반찬을 보는 것 같아 왠지 흐뭇했다. 그나저나 이걸 다 먹으면 본식과 후식은 어떡하지? 하지만 그건 괜한 걱정이었다. 나는 전식과 본식, 푸딩과 에스프레소까지 다 먹어치웠으니까.

본식은 레부엘토 데 하몽 이 참피뇬 Revuelto de Jamón y Champiñón 을 주문했는데, 아침 식사에 주로 나오는 햄과 버섯을 넣은 오믈렛이라 다행히(?) 양이 적었다. 전식과 본식이 뒤바뀐 느낌이다.

파에야의 맛은 보통이었지만, 3코스에 물과 빵, 음료와 커피까지 해서 겨우 9.95유로(약 15,000원)라니 정말 가격이 착하다. 물가 비싼 다른 서유럽에 비하면 발렌시아는 천국이나 다름없다.

부른 배를 두드리며 앞으로 3일 동안 머물게 될 발렌시아의 구시가지 분위기를 느껴보기로 했다. 구시가지 중심에 있는 산타 마리아 대성당

첫 번째 파에야. 전식으로 나오는 파에야는 차갑다.

Cathedral de Santa Maria de Valencia 을 둘러보고, 근처 관광 안내소에 들렀다. 한가해 보이는 안내소 직원들에게 그동안 차곡차곡 쌓아둔 질문을 쏟아냈다. 그때 가장 궁금해하던 파에야 이야기를 자세히 들을 수 있었다.

사실 파에야는 고급음식이 아니란다. 고급스러운 스페인 식당에서 회처럼 얇게 썬 고급 하몽을 전식으로 먹고, 아름답게 장식된 팬에 담긴 파에야를 우아하게 덜어 먹던 기억이 난다. 역시 뭔가 어울리지 않는 그림이었다. 파에야는 친구들과 모여 쓱쓱 비벼 먹는 비빔밥처럼 함께 수다를 떨며 여럿이서 나눠 먹는 서민음식이요, 야외음식이며 동시에 잔치음식이었던 것이다. 발렌시아의 결혼식이나 잔치, 모임에 빠질 수 없는 음식이 바로 파에야란다.

1992년 발렌시아에서는 십만 명을 위한 파에야를 만들었는데, 이것이 기네스북에 올랐다. 십만 인분의 파에야를 만들려고 거대한 둥근 무쇠 팬을 만들어 설치한 것도 놀라웠지만, 당시 사진을 보니 정말 굉장했다. 사진에는 LP 레코드판의 축처럼 길게 뻗어나온 거치대에서 사람들이 노 같은 막대로 파에야를 젓고 있었다. 작년에 부산에서 3,000인분의 비빔밥을 만들며 기네스북에 도전한 기사를 보고 밥이 제대로 비벼지기나 할까 했는데, 십만 명을 위한 파에야를 만들다니! 스페인 사람들은 우리보다 백 술, 아니 천 술은 더 뜨는 대단한 사람들이다.

발렌시아에서 만난 사람들에게 파에야로 유명한 식당 두 곳을 알아냈다. 하나는 시내 중심가에 있는 발렌시아 전통식당이고, 또 다른 하나는 해변에 있는 식당이다. 관광 안내소 직원이 한 말이 생각난다.

"우리는 일요일에 파에야를 먹어요. 파에야는 친구나 가족과 함께 해변에 가서 먹는 음식이거든요."

일요일엔 해변에 가야 한다는 말에 하루를 기다려 해변으로 향했다. 해

일요일에는 해변에 가야 한다. 파에야를 먹으러.

변은 한산했다. 물놀이를 즐기는 사람도 있었지만, 대부분 한가로이 누워 일광욕을 즐겼다. 구경할 겸 무작정 해변을 따라 걷는데 얼마 지나지 않아 파에야 식당이 나타났다. 식당은 100m 정도 길게 이어졌다. 그중에는 여행자들에게 유명한 식당도 있었는데, 파리의 레 되 마고Les Deux Magots처럼 관광객에게 완전히 점령당해 그냥 지나칠 수밖에 없었다. 대신 발렌시아 토박이가 추천해준 식당으로 들어갔다. 이른 점심시간이라 그런지 식당 안은 한가했다.

주문은 최소 2인분 이상 해야 했다. 혼자인데 밥값이 두 배로 들게 생겼다. 어쩔 수 없이 남은 음식은 포장해서 저녁에 먹기로 했다. 전식으로는 야채샐러드, 꼴뚜기 튀김, 감자튀김, 마늘빵이 나왔다. 발렌시아는 정말 전식이 후하다. 넉넉하고 사랑스러운 발렌시아.

본식으로 해산물 파에야를 주문했다. 바닷가에 오니 해산물이 끌린다. 잠시 후, 기대하고 기대하던 해변의 파에야가 눈앞에 등장했다. 으음, 맛을 보실까? 두근대는 마음으로 한 입 먹었는데 아……! 기대치가 너무 높았던 걸까? 내 입맛에는 너무 짜고 기름지다. 어쩌지? 2인분이나 주문했

는데. 그래도 배가 고파서 먹을 만큼 먹고 남은 음식은 포장했다.

비닐봉지를 든 채 버스를 타고 발렌시아 시내로 돌아오는데, 저녁에 이걸 또 먹어야 한다고 생각하니 갑자기 우울해졌다. 꽤 비싼 값을 치른 터라 버리기도 아깝다. 이럴 땐 어디선가 소매치기라도 나타나서 훔쳐가주면 좀 좋으련만. 혼자 구시렁거리

며 마음을 달랜다. 숙소로 들어가려다 시간이 너무 일러 발길을 돌려 구시가지로 향했다.

구시가지의 골목길을 걷다 우연히 오르차테리아^{Horchatería} 간판을 발견했다. 유레카~! 환호성이 절로 터졌다. 사막에서 샘솟는 오아시스를 발견한 느낌이다. 오르차테리아는 오르차타^{Horchata}를 파는 곳이다. 스페인에서는 단어 뒤에 '리아^{ría}'가 붙으면 그 무엇을 파는 곳을 뜻한다. 예를 들어, 파나데리아^{Panadería}는 빵^{Pan}을 파는 곳인 것처럼.

오르차타는 며칠 전 관광 안내소 직원이 내게 꼭 먹어보라고 권해준 발렌시아 전통음료다. 발렌시아에서 가장 유명한 음료는 물론 상그리아^{Sangria}지만, 상그리아는 우리나라에도 잘 알려졌고 또 스페인 전역에서 파는 탓에 꽤 익숙하다. 하지만 오르차타는 발렌시아에서 처음 알게 됐다. 이슬람교도가 발렌시아를 정복한 8~13세기에 처음 생겨났다니 그 맛이 어떨지 더 궁금했다. 사실 아까 그 식당에서 수첩에 적어둔 'Horchata'를 보여

발렌시아의 대표 음료로는 우리들에게 익숙한 상그리아와 생소한 이름의 오르차타가 있다. 오르차타는 파르톤이란 과자와 함께 먹는다.

주며 물었더니 안 판다길래 포기하고 있었는데 이렇게 발견하게 될 줄이
야. 맛없는 파에야에 거금을 날린 보상을 이렇게 받나 보다. 애써 흥분을
감추고 가게 안으로 성큼성큼 들어갔다.

계산대 뒤에 음료 냉각기에서 돌아가는 게 오르차타인 것 같았다. 색
깔이 우유랑 비슷한데 가격이 1유로 미만으로 아주 싼 편이다. 무슨 맛일
까? 일단 가장 작은 크기로 주문하고 가게 안을 둘러봤다. 한 테이블에서
아버지와 아들이 함께 오르차타를 마시고 있다. 양이 꽤 되는데 빨대로
순식간에 후루룩 빨아들인다. 다른 테이블에 앉은 이들도 동네주민인 것
같다. 모두 대화를 나누기보다 오르차타를 마시는 데 열중한다. 아, 나는
이처럼 현지 사람들이 열중하는 음식을 볼 때면 가슴이 뛴다. 그 순간 오
르차타의 등장! 두근두근. 나도 저들처럼 빨대로 죽 빨아들인다. 목 안에
부드럽게 넘어오는 시원한 맛. 와, 맛있다! 달콤하고 고소하면서 부드럽
다. 뜨거운 태양 아래 걷느라 지쳤을 때 마시면 최고일 것 같다. 에너지가
마구 솟는다.

오르차타는 아몬드 가루, 참깨, 쌀, 보리를 넣어 만든단다. 한여름에 얼
음 동동 띄워 먹는 우리나라의 미숫가루랑 비슷한 느낌이다. 미숫가루보
다 훨씬 묽지만 달콤하고 고소한 맛이 닮았다. 사람들이 오르차타와 함께
추로스 비슷한 과자를 먹길래 나도 따라 주문했다. 파르톤Fartón이라고 부
르는 이 과자는 밀가루에 우유, 설탕, 달걀을 넣어 만든 길쭉한 빵으로 글
레이즈 코팅이 돼 있다. 달콤한데 역시 달콤한 오르차타와 궁합이 아주
잘 맞는다. 발렌시아 사람들은 오후 간식으로 오르차타와 파르톤에 푹 빠
져 산다. 발렌시아를 방문한다면 발렌시아만의 명물인 오르차타와 파르
톤을 꼭 먹어보라고 권하고 싶다. 다른 곳에서는 맛볼 수 없는 맛이다.

다음 날은 발렌시아에서의 마지막 날이었다. 마지막 추천식당은 구시

가지 한가운데에 있다. 점심시간에 맞춰 식당 안으로 들어가니 어느새 식당을 찾은 직장인들로 북적거렸다. 여행자들에게 잘 알려진 식당이라는데 현지인까지 바글거리는 걸 보면 맛있는 식당이 틀림없다. 느낌이 좋다. 이번에 주문한 메뉴는 닭고기 파에야. 발렌시아 사람들은 닭고기나 토끼고기로도 파에야를 만든다고 한다. 역시 메뉴판에 2인분 이상 주문해야 한다고 쓰여 있다. 또 저녁으로 남은 파에야를 먹어야 하나 걱정하면서 살짝 물어보니 1인분도 된단다. 기분이 좋아진다. 파에야를 기다리는 동안 전식을 먹으며 식당 분위기를 살폈다. 타일로 장식된 계단이며 커다랗고 화려한 접시들로 꾸며진 벽이며 스페인 분위기가 물씬 난다.

잠시 뒤 무쇠 팬에 담긴 따끈따끈한 파에야가 테이블 위에 올라왔다. 나도 모르게 미소가 올라온다. 냄새도 좋고 때깔도 좋다! 한 숟가락 떠서 입에 넣으니 음, 역시 아주 맛있다. 채소와 고기가 섞인 사프란 밥에 간이 잘 뱄고 쌀도 적당히 잘 익었다. 물을 머금은 통통한 쌀의 질감이 그대로 느껴진다. 그동안 먹어본 파에야와는 확실히 다르다. 맞아, 원조란 바로 이런 맛이다. 발렌시아 음식을 향한 나의 사랑은 이렇게 시작됐다.

발렌시아에서 드디어 찾은 최고의 파에야. 통통한 쌀의 질감이 그대로 느껴지고 간이 아주 잘 뱄다.

가 보 기 ....

버스와 항공을 이용할 수 있지만, 열차가 편리하다. 마드리드에서 AVE로 1시간 50분, 일반열차로는 6시간
정도 걸린다. 바르셀로나에서는 3시간 정도 걸린다.
기차 www.renfe.es
발렌시아 관광청 www.turisvalencia.es

맛 보 기 ....

라 리우아 La Riuà
발렌시아 음식 전문점으로, 스페인 냄새가 물씬 풍기는 토속적인 분위기를 자랑한다. 발렌시아에서 가장
맛있는 파에야를 먹어본 레스토랑으로 닭고기, 토끼고기, 해산물 등 다양한 종류의 파에야가 있다.
address Calle del Mar, 27
telephone 963 91 45 71
url www.lariua.com

라 페피카 La Pepica
해변에서 가장 유명한 파에야 전문점이다.
address Paseo Neptuno, 6
telephone 963 71 03 66
url www.lapepica.com

오르차테리아 엘 콜라도 Horchatería El Collado
서민적인 오르차타 가게로, 값싸고 맛있는 오르차타를 맛볼 수 있다.
address Carrea D'ercilla, 13

머 물 기 ....

오스탈 베네치아 Hostal Venecia
기차역과 구시가지 중간에 있는 호텔로 위치가 좋고, 가격 또한 합리적이다. 바르셀로나에서 묵을 가장
무난한 숙소로 이곳을 추천한다.
address Calle En Llop, 5

라 페피카

엘 콜라도

telephone 963 52 42 67
url www.hotelvenecia.com

레드 네스트 오스텔 발렌시아 Red Nest Hostel
발렌시아의 인기 있는 호스텔. 일찍 예약하면 할인혜택을 받을 수 있다.
address Calle Paz, 36
telephone 963 42 71 68
url www.rednesthostel.com

둘러보기............

예술과 과학의 도시 Ciudad de las Artes y las Ciencias
발렌시아 태생의 세계적인 건축가 산티아고 칼라트라바Santiago Calatrava와 펠릭스 칸델라Félix Candela가
디자인했다. 건축물은 크게 다섯으로 나뉘는데 로마 전사의 투구, 고래 등을 모티브로 한 레이나소피아
예술궁전과 아이맥스 극장, 천문관, 과학 박물관, 해양 박물관, 아고라가 있다. 본문에 소개하지 않았지만
예술과 과학의 도시는 발렌시아 최대 랜드마크다.
address Avenida Instituto Obrero De Valencia
telephone 902 10 00 31
url www.cac.es

중앙시장 Mercado Central
싱싱한 채소와 과일, 생선과 고기, 하몽을 파는 평범한 시장이지만, 스페인에서 본 시장 가운데 가장 아름
다웠다. 시장 안의 스테인드글라스를 보면 누구나 한눈에 반하게 된다.
address Plaza del Mercado, s/n
telephone 963 82 91 00
url www.mercadocentralvalencia.es

예술과 과학의 도시

중앙시장의 풍경

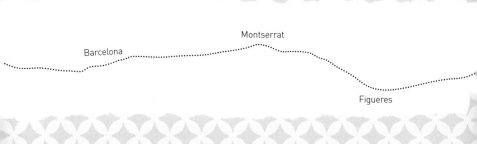

Barcelona

Montserrat

Figueres

Púbol

Cadaqués

Besalú

카탈루냐 지방

가우디를 만나는 곳
바르셀로나
Barcelona

가우디를 빼고 바르셀로나를 이야기할 수 있을까. 또 가우디가 없었다면 바르셀로나가 오늘날 스페인에서 가장 많은 관광객이 찾는 도시가 될 수 있었을까.

꽤 오래전 일이지만 대학교 2학년 때 뭣 모르고 시작한 나의 첫 배낭여행이 떠오른다. 기차가 연착하는 바람에 꽤 늦은 시간에 바르셀로나에 도착했다. 나는 서둘러 구시가지로 발걸음을 옮겨 숙소를 찾았다. 몰려드는 피곤함과 낯선 풍경에 잔뜩 긴장한 채 길을 걷는데, 어디선가 비릿한 냄새가 코를 간질였다. 바다에서 불어오는 바람이었다. 잠시 뒤에는 또 다른 냄새가 심장을 간질였다. 길거리를 오가는 사람들의 표정, 식당에서 풍겨오는 음식 냄새, 사람들의 웃음소리에서 자유의 냄새가 실려왔다. 신기했다. 자유의 냄새를 맡을 수 있다는 것에 가슴이 두근거렸다. 바르셀로나가 단박에 좋아졌다. 그러자 바르셀로나가 내게 말을 건넸다.

"어서 와요. 이곳은 자유의 도시, 바르셀로나예요."

다음날, 바르셀로나에서 아주 놀라운 사람 하나를 만났다. 안토니 가우디Antoni Gaudi (1852~1926)! 그는 직선이란 찾아볼 수 없는 구불구불한 디자인에 아름다운 빛깔의 타일을 조합하여 환상 속 건축물을 현실세계에 펼쳐놓은 스페인 최고 건축가다. 내 눈으로 직접 보면서도 다른 세상에 온 듯

독특한 개성을 지닌 가우디의 건축물

한 착각이 들었다. 딱딱한 건축에서조차 이렇게 자유를 표현할 수 있다는 사실이 경이로웠다. 당연히 안토니 가우디가 누구인지 궁금해졌다. 당시 나는 유럽을 여행하면서 열쇠고리 하나 사지 않을 만큼 짠순이 배낭 여행자였다. 그러던 내가 냉큼 가우디의 책을 산 것이다. 가격이 꽤 비쌌는데도 전혀 망설임이 없었다. 그러나 나중에 얼마나 후회했는지 모른다. 책이 천근만근이었기 때문이다. 여행 내내 투덜거렸던 기억이 난다. 물론 지금은 내 책장 한쪽을 차지한 채 우아한 자태를 뽐내고 있지만 말이다.

나는 건축을 직선과 직선이 만나 최대의 효율적인 공간을 뽑아내는 것쯤으로 생각했다. 그러니 건축이 인정머리 없어 보이는 건 어쩌면 너무나 당연한 일이었다. 그러나 가우디는 건축을 자연에서 가져왔다. 자연에서는 직선을 볼 수가 없다. 자연은 오랜 세월을 거쳐 진화한 생명체다. 가우디는 그런 자연을 모티브로 부드러운 곡선으로 건물을 완성했다. 가우디가 구현한 곡선은 사람들에게 마치 자연 속에 있는 듯한 편안함을 안겨주었다. 건축을 예술로 끌어올린 이는 많았지만 가우디 같은 사람은 없었다. 그러니 누구라고 매료되지 않을 수 있을까.

안토니 가우디는 어떤 사람이었을까? 건축만으로 안토니 가우디를 상상해봤다. 유쾌하고 자유로운 영혼의 소유자인 그는 수많은 친구들에 둘러싸였을 것 같다. 매력적인 그에게 호감을 갖는 여성들도 당연히 많았을 테고, 피카소 정도는 아니더라도 어느 정도 바람둥이는 아니었을까 생각하며 혼자 키득거린다.

그의 사생활은 거의 전해지는 바가 없지만, 조금이나마 남아 있는 기록은 내 상상과 너무 달랐다. 독실한 가톨릭 신자로 평생 독신이었던 가우디는 금욕적인 삶을 살면서 시계처럼 규칙적이고 검소한 생활을 했다. 심지어 사순절 단식을 지키려다 생명이 위독해질 만큼 신앙심이 깊었다고

가우디는 자연에서 건축을 가져왔다. 자연에서는 직선을 볼 수 없다. 가우디가 만든 건물에서 사람들은 편안함을 느끼고 매료되었다.

한다. 여느 때와 같이 성당으로 걸어가던 가우디는 전차에 치이고 만다. 그러나 아무도 관심을 두지 않았다. 사람들은 검소한 차림의 그를 부랑자로 여겼던 것이다. 뒤늦게 병원으로 옮겨진 가우디는 치료 한번 제대로 받지 못한 채 쓸쓸히 죽음을 맞는다.

사진으로 만난 가우디는 젊고 침착하고 총명해 보였다. 그에게 직접 묻고 싶은 것들이 너무 많지만, 내게 허락된 건 기록을 뒤지고, 자료를 찾고, 그의 건축을 직접 보고 느끼는 게 전부였다.

나는 마음을 단단히 먹었다. 드디어 이번 여행에서 그의 역작을 볼 수 있다! 유럽에서 가장 다양하고 재미있는 퍼포먼스를 즐길 수 있는 람블라스 거리도, 눈부시게 아름다운 해변도 이번만큼은 접어두기로 했다. 가우디를 만나기 위해서.

이번 바르셀로나 여행에서 가장 먼저 찾은 곳은 당연히 사그라다 파밀리아 대성당^{Basílica de la Sagrada Familia}이다. 처음 바르셀로나를 찾았을 때만 해도 1882년부터 짓기 시작했다던 성당의 완공은 100년이 걸릴지 200년이 걸릴지 알 수 없다고 했다. 그래서 내 생엔 볼 수 없으리라 생각하고 일찌감치 포기했는데, 웬걸! 2010년 후반부터 성당 내부가 공개되더니 같은 해 11월 7일에는 교황 베네딕토 16세^{Benedict XVI}가 성당을 방문해 축복식을 거행했다고 한다. 이날의 축복세례로 사그라다 파밀리아 성당은 성당 중 최고 자리인 대성당^{Basílica}(바실리카)에 오르게 된다.

사그라다 파밀리아 대성당이 생각보다 일찍 공개된 건 최신공법으로 건축기간을 앞당겼기 때문이란다. 정확한 완공시기는 알 수 없지만, 가우디 사망 100주년이 되는 2026년을 목표로 하고 있단다. 성당을 100% 헌금으로 짓는다는 사실 또한 의미심장하다. 현재 유럽 성당 대부분은 헌금이 줄어들어 운영난에 허덕이는 실정인데, 순수한 헌금으로만 이토록 거대한 성당을 짓다니, 정말 대단하다.

입구에 도착하자 먼저 긴 줄이 눈에 띈다. 성수기에는 인터넷으로 예약하지 않으면 뙤약볕 아래 한 시간이 넘게 벌을 서야 할 정도란다. 나는 예약한 표를 보여주고 곧바로 들어갈 수 있었다. 입에서 안도의 한숨이 흘러나왔다.

흔히 성당이 옥수수를 세워놓은 모양이라고 하지만, 내 눈에는 바닷물을 잔뜩 머금은 모래로 탑을 쌓아놓은 것처럼 보인다. 자연에서 보고 배운 것을 건축에 적용한 가우디, 그라면 이 또한 바닷가에서 모티브를 얻지 않았을까? 하지만 내 생각과 달리 성당의 모티브는 바르셀로나에서 한 시간 정도 떨어진 몬세라트 산에서 가져왔단다.

사그라다 파밀리아 대성당은 크게 탄생의 문^{Fachada Del Nacimiento}, 수난의 문^{Fachada De La Pasión}, 그리고 영광의 문^{Fachada De La Gloria} 이렇게 세 개의 커다란 파사

가우디의 대표적인 건축물, 사그라다 파밀리아 대성당.
1882년 이래로 현재 계속 공사 중이다.

세 개의 파사드에는 4개의 종탑이
있다. 사진은 수난의 파사드의
모습이다.

종탑 위 가운데에는 황금색 예수가
양손을 아래로 내밀고 있다.

베로니카가 예수의 피와 땀을 닦아주
었는데, 수건에 예수의 얼굴이 새겨지
는 기적을 묘사하고 있다.

드로 나뉜다. 입장료를 내고 들어가는 입구는 서쪽에 있는 '수난의 문'이고, 성당 내부를 보고 나가는 문은 동쪽에 있는 '탄생의 문'이다. 탄생의 문은 가우디가 죽기 전에 완공된 것으로 무엇보다 가우디의 손길을 온전히 느낄 수 있다. 성당의 가장 중요한 부분은 '영광의 문'으로 주 현관이 되는 문이지만, 현재 건축 중이라 볼 수 없다.

세 개의 파사드는 예수의 탄생에서 죽음에 이르는 삶을 의미한다. 각문 위에는 4개의 종탑이 있어 총 12개의 종탑을 이루는데, 이는 예수의 열두 제자를 뜻한다. 여기에 예수, 성모 마리아, 네 사람의 복음서 저자(마태오, 마르코, 루가, 요한)를 상징하는 6개의 탑이 더해져 성당에는 모두 18개의 탑이 완성될 예정이다. 열두 제자를 뜻하는 종탑은 112m로 꼭대기에 가우디만의 독특한 모자이크 타일 장식이 올려져 25m가 더 높아졌다. 그리고 예수를 상징하는 탑은 170m, 성모 마리아와 네 복음서 저자에게 바쳐진 탑은 120m가 될 거란다.

가우디는 오랜 시간 공들인 연구와 치밀한 계획으로 작업을 진행했다. 독실한 가톨릭 신자로서 기도서의 상징과 전례에 정통했던 가우디는 이런 내용을 성당 실내장식에 고스란히 반영했다. 먼저 현재 입구로 쓰이는 수난의 문을 살펴보자. 수난의 문은 가우디의 설계 아래 요셉 마리아 수비라치Josep Maria Subirachs가 조각을 맡고, 호안 빌라 그라우Joan Vila-Grau가 스테인드글라스를 맡았다. 종탑이 있는 위쪽 가운데에 황금색 예수가 양손을 아래로 내밀고 서 있다. 그 양쪽에 두 개의 탑이 서로 대칭으로 세워져 있는데, 탑에는 붉은색과 노란색으로 빛나는 'Sanctus'라는 글자가 여럿 새겨져 있다. 이는 '거룩하시도다'라는 뜻으로 신의 영광을 찬양하는 말이다. 그 밑에는 예수의 열두 제자 중 야고보, 바르톨로메오, 토마스, 필립보의 네 제자가 이름과 함께 조각돼 있다.

내 눈을 사로잡은 것은 성당 입구 주변의 수많은 상징이었다. 가장 먼저 눈에 띈 것은 알파와 오메가라는 그리스 글자다. 영어로 치면 알파는 A, 오메가는 Z로 처음과 끝을 상징한다. 〈요한 계시록〉을 보면 예수가 "나는 알파요, 오메가라." 하고 말하는 부분이 있는데, 이는 시작과 끝에 예수가 함께한다는 뜻이다. 내 눈길을 잡아끈 또 다른 상징은 마방진이다. 가로를 더해도, 세로를 더해도, 대각선을 더해도 똑같이 33이란 숫자가 나온다. 이는 예수가 십자가에 매달려 죽고 나서 다시 부활한 33살의 나이를 뜻한다.

정문에는 글자들이 빼곡히 적혀 있다. 다른 대성당들에서 흔히 보는 화려한 장식의 문과는 아주 대조적이다. 그중 상단에는 다른 색깔로 두드러지게 표현한 글자가 조각돼 있는데, 왼쪽에는 "I que es la veritat?(무엇이 진실입니까?)", 오른쪽에는 "Jesús de Nazaret rei dels jueus.(나사렛의 예수, 유대인의 왕)"이라고 쓰여 있고, 주변에는 수난의 예수 이야기가 조각돼 있다. 중앙 위쪽에는 십자가에 매달린 예수와 사람들이 있고, 중간에는 예수 얼굴이 새겨진 천을 펼쳐 보이는 조각이 있다. 예수가 십자가를 지고 골고다 언덕을 오를 때, 베로니카란 여성이 자신의 수건으로 예수의 피와 땀을 닦아주었는데, 이때 베로니카의 수건에 예수의 얼굴이 새겨진 기적을 묘사한 것이다. 그 왼쪽에는 예수의 수의를 나누는 로마 병사들, 십자가에 못 박힌 예수가 죽었는지 확인하려고 예수의 옆구리를 찌르던 롱기누스의 창(성스러운 창)이 묘사돼 있다. 오른쪽에는 골고다 언덕에서 예수 대신 십자가를 지던 시몬과 십자가에서 내려지는 예수가 조각돼 있다.

수난의 문을 지나 성당 안으로 들어가니 장중하고 환상적인 분위기가 나를 압도한다. 여기는 천국을 표현한 것이로구나! 천장장식을 올려다보니 감탄사가 절로 나왔다. 관광객들 역시 시선을 천장에 둔 채 연신 셔터

정문에 빼곡히 적혀있는 글자들

수난의 문을 지나 들어가면 만나게 되는 성당 내부

예수가 십자가에 매달려 죽고 다시 부활한 나이 33을 뜻하는
마방진

알파와 오메가. 시작과 끝을 예수가 함께한다는 뜻이다.

가우디는 성당 내부를 숲으로 표현하려 했다. 여러 개의 기둥은 나무를
형상화한 것이고 천장은 나뭇잎과 열매를 표현한 것이다.

부드러운 빛이 사선형태의 빗살무늬를 타고 내려온다. 천국의 느낌이 이런 것이구나 하고 생각했다.

를 누르기에 바빴다. 얼핏 알람브라 궁전의 벌집 모양 장식이 떠올랐다. 그런데 자세히 보니 빗살무늬 형태로 기독교를 상징하는 좀 더 간결한 이니셜이 보였다.

성당 내부는 '기둥의 숲'이라고 부른다. 가우디는 성당 안쪽을 숲으로 표현하려 했다. 여러 개의 기둥은 나무를 형상화했는데, 꼼꼼히 들여다보면 울퉁불퉁한 나뭇결이 느껴지고, 위쪽으로는 마치 갈라져 나온 나뭇가지를 보는 것 같다. 울창한 나무 사이로 여리여리한 빛이 비친다. 큰 줄기의 빛은 천장을 지나 사선 형태의 빗살무늬를 타고 내려온다. 그 빛깔이 그렇게 고울 수가 없다. 천국의 느낌이란 이런 것일까.

수난의 문 반대편으로 빠져나오니 탄생의 문이다. 가우디가 세상을 떠났을 때는 첨탑이 빠진 탄생의 파사드만 완성된 상태였으므로 가우디의 손길이 가장 많이 깃든 곳이다. 동쪽에 있어 해가 뜨면 이곳에 가장 먼저 햇살이 비춘다. 곧 탄생의 의미와 닿아 있다. 성당을 제대로 느끼려면 해 뜰 땐 탄생의 파사드, 한낮엔 영광의 파사드, 그리고 해 질 땐 수난의 파사드를 봐야 한다. 아무래도 여행자보다는 미사를 보러 오는 바르셀로나 시민이 이 성당의 아름다움을 온전히 느낄 수 있으리라.

고딕 양식인 탄생의 파사드 조각은 수비라치가 조각한 수난의 파사드와는 대조를 이룬다. 돌이 아니라 나무를 깎아 만든 것 같다. 탄생의 파사드에는 예수 탄생에서 청년기까지의 이야기가 담겨 있다. 파사드의 중앙은 사랑, 오른쪽은 믿음, 왼쪽은 소망의 문으로 나뉜다. 중앙 문에는 마구간에서 태어난 예수가 조각돼 있다. 아기 예수가 담긴 바구니를 성모 마리아가 사람들에게 보여주는데 그 뒤에서 요셉이 이 모습을 바라보고 있다. 왼쪽 아래에는 유향, 몰약, 황금 선물을 들고 찾아온 세 동방박사가 무릎을 꿇고 경배한다. 둘레에는 예수의 탄생을 축하하며 악기를 연주하고

예수의 탄생에서 청년기까지의 이야기를 담은 탄생의 문은 가우디의 손길이 가장 많이 깃든 곳이다.

예수의 탄생을 축복하며 노래하고 연주하는 천사

노래하는 천사들로 가득하다. 그 위에는 성모 마리아의 대관식이 조각돼 있다. 그리고 파사드 가장 위쪽은 월계수 나무에 비둘기들이 조각돼 있는데, 그 꼭대기에는 붉은색 십자가와 그곳에 둥지를 튼 비둘기가 있다.

왼쪽 소망의 문에는 예수와 요셉의 약혼식과 유년기 예수 모습이 보인다. 오른쪽 믿음의 문에는 마리아와 요셉이 성전에 바친 비둘기 두 마리와 아기 예수를 안은 시몬이 보인다.

탄생의 파사드에서 이어지는 길은 지하로 연결된다. 지하에는 성당의 설계와 도면, 다양한 연구기록, 그리고 완성된 모습 등 가우디가 당시 어떻게 작업했는지 그 과정을 볼 수 있다. 특히 작은 모래주머니를 실에 매달아 성당 형태로 만든 것으로 건물의 무게중심과 하중을 연구한 것이 흥미롭다. 자연의 법칙을 강조한 가우디의 건축세계를 십분 느낄 수 있었다.

가우디는 이렇게 말했다.

"건축은 아직 존재하지 않는 유기체를 창조한다. 그러므로 자연의 모든 법칙과 조화의 법칙을 지녀야 한다. 이 법칙을 따르지 않는 건축가는 예술작품 대신 졸작을 남길 뿐이다."

성당 전체가 한눈에 보이는 가우디 거리Avinguda Gaudí로 향했다. 이곳은 뜨내기 관광객을 위한 거리가 아니라 바르셀로나 시민을 위한 아지트다. 이 길에서는 탄생의 파사드를 포함한 성당을 바라볼 수 있다. 바르셀로나 시민은 성당을 바라보며 카페테라스에 앉아 커피 한 잔을, 아니면 타파스를 안주 삼아 시원한 상그리아를 홀짝거리며 이야기를 나눈다. 차는 전혀 다니지 않는 거리에서 사람들끼리 조잘대는 목소리만이 건물에 부딪혀 거리에 울려퍼진다. 사그라다 파밀리아 성당이 보이는 카페테라스에 앉아 떠드는 수다라……, 부럽기 짝이 없다. 나도 모르게 외로워져서 두리번거리며 자리를 찾는다. 하지만 카페 테이블은 벌써 만원이다. 아쉽지만 포기하고 바로 옆 벤치에 앉았다. 가방 속에서 물을 꺼내는데 옆에 앉아 있던 나이 지긋한 할머니가 말을 걸어온다. 카탈루냐어였지만 알아들을 수 있었다.

"참 아름답지요?"

나는 스페인어로 대답한다.

"네, 정말 아름다워요."

잠시 뒤 탄생의 파사드 앞쪽에 있는 작은 공원으로 발길을 돌렸다. 이 공원 역시 가우디 거리처럼 현지인의 공간이다. 엄마들은 아기 전용 놀이터에서 아기와 함께 놀아주고, 강아지를 데려온 아이들은 강아지 전용 놀이터에서 신나게 뛰어다닌다. 공원 한가운데에 작은 호수가 있는데, 성당 모습이 데칼코마니가 되어 물 위에 어른거린다. 조금 전에 성당 지하에서 본, 가우디가 성당의 무게중심과 하중을 연구하려고 모래주머니를 매달아 놓은 형태와 똑같다. 가우디가 이 풍경을 보았다면 입가에 흐뭇한 미소를 지었을 것만 같다.

성당이 잘 보이는 벤치에 자리를 잡았다. 카페테라스처럼 맛있는 커피를 마실 순 없지만, 가까이에서는 볼 수 없던 성당 전체 모습을 찬찬히 바라본다. 깊은 성심과 근면함으로 평생의 역작을 위해 온 힘을 다한 가우디의 진심이 가슴으로 전해진다. 해가 뉘엿뉘엿 지기 시작한다. 2026년, 다시 이 자리에서 완공된 대성당의 모습을 볼 수 있길 마음속으로 기도해 본다.

구엘 공원의 벤치에서 여유롭게 독서를 즐기는 현지인의 모습

구엘 공원은 바르셀로나 시민들과 관광객들로 항상 북새통을 이룬다. 원래 계획은 주택단지를 건설하는 것이었으나 여러 가지 이유로 취소됐다. 독특한 가우디만의 개성으로 가득찬 아름다운 공원이다.

가 보 기 ....

바로셀로나는 교통의 요지로 항공, 기차, 버스 그리고 배까지 모든 교통편이 있다. 그중 항공이나 기차로 가는 게 가장 효율적이다. 마드리드에서는 기차로 3시간, 파리에서는 12시간 30분 정도 걸린다.
기차 www.renfe.com
바르셀로나 관광청 www.barcelonaturisme.com

맛 보 기 ....

라 리타 La Rita
저렴한 가격에 훌륭한 코스 요리를 맛볼 수 있다. 오랫동안 줄 서기 싫다면 점심시간에 맞춰 가자.
address C/ Aragón, 279
telephone 93 487 2376
url www.laritarestaurant.com

타파스 베인티콰트로 TAPAS, 24
바르셀로나에서 인기 있는 타파스 전문점. Passeig de Gràcia 역 가까이에 있는데 원하는 자리에 앉으려면 조금 일찍 가는 것이 좋다.
address Calle Diputació, 269
telephone 93 488 0977
url www.projectes24.com

머 물 기 ....

바르셀로나는 스페인에서 가장 많은 관광객이 찾는 도시로, 숙박시설이 굉장히 많다. 가장 저렴한 숙소는 호스텔과 한국인 민박집이다. 호텔은 다른 도시보다 비싼 편이다.

오스탈 베네치아 다운타운 Hostal Downtown
람블라스 거리에서 가까운 호스텔로 Liceu 역 근처다. 젊은 여행자가 많아서 분위기가 활달하다.
address Carrer de la Junta de Comerç, 13 Ppal.
telephone 홈페이지 93 302 6134
url www.hostaldowntownbarcelona.com

라 리타

타파스 베인티콰트로

호스텔 산트 조르디 아라고 Hostel Sant Jordi Aragó

카사 바트요에서 가까운 Passeig de Gràcia 역 근처의 호스텔이다. 위치가 좋고 역시 젊은 여행자들에게 인기가 많다.

address C/ d'Aragó 268, principal 1ª
telephone 93 215 6743
url www.santjordihostels.com

한국인 민박 노체 부에나 Noche Buena

FC 바르셀로나 경기장 가까이에 있는 한국인 민박집이다. 도미토리부터 가족 룸까지 다양한 방이 있다. 스페인 호스텔 특유의(?) 소음이 싫다면 조용한 민박집을 추천한다.

telephone 93 518 9757
url www.nochebuena.kr

둘러보기 ....

사그라다 파밀리아 대성당 Basílica de la Sagrada Familia

바르셀로나에 들른다면 반드시 놓치지 말아야 할 가우디의 미완성 대작으로 바르셀로나의 상징이다.

address C/ Mallorca, 401
access 지하철 L5호선 Sagrada Familia 역
telephone 93 207 3031
url www.sagradafamilia.cat

그외 가우디의 건축물들

카사 비센스Casa Vicens, 카사 칼벳Casa Calvet, 구엘 궁전Palau Güell, 구엘 성지/성당/납골당Cripta de la Colonia Guell, 구엘 공원Parc Guell, 카사 바트요Casa Batlló, 카사 밀라Casa Milà, La Pedrera 등 대부분의 건축물들이 바르셀로나 시내에 있다. 스스로 계획을 짜서 관광해도 좋지만, 좀 더 자세한 설명을 듣고 싶다면 관광 안내소에서 진행하는 가우디 투어를 이용하면 좋다.

구엘 공원

구엘 궁전

카탈루냐의 수호 성모, 라 모레네타

몬세라트

Montserrat

바르셀로나에서 한 시간쯤 떨어진 몬세라트 수도원에는 라 모레네타^{La} Moreneta라 불리는 검은 성모상이 있다. 피부색이 검은빛을 띠어서 '몬세라트의 검은 성모'라고도 불리는데, 아기 예수가 성모의 무릎에 앉아 있는 목조상이다. 이 성모상은 바르셀로나가 속한 카탈루냐 지방의 수호 성모로, 이 지방을 대표하는 상징이자 고귀한 존재로 추앙받고 있다.

몬세라트의 수도원을 이야기할 때 빼놓을 수 없는 두 사람이 있다. 한 사람은 1534년 예수회^{Compañia de Jesús}를 설립한 산 이그나시오 로욜라^{San Ignacio de Loyola}이고, 다른 사람은 천재 건축가인 안토니 가우디다. 로욜라는 바스크 귀족가문의 기사였다. 전쟁에서 상처를 입고 치료를 받던 로욜라는 예수 이야기를 듣고 깊은 감명을 받아 몬세라트 수도원을 찾는다. 그리고 이곳에서 성모 마리아와 예수의 기적을 접한 뒤 〈영성수련^{Exercitia Spiritualia}〉이라는 책을 쓴다. 수도원 입구에 그의 부조가 새겨져 있다. 안토니 가우디는 독실한 가톨릭 신자로 종종 이곳에 들러 기도를 하곤 했다. 가우디의 역작인 사그리다 파밀리아 성당은 몬세라트의 봉우리에서 영감을 얻었다고 한다.

바르셀로나에서 출발한 기차가 몬세라트 아에리^{Montserrat AERI} 역에 멈춰 서자 관광객들이 우르르 한꺼번에 내렸다. 모두 몬세라트 수도원의 검은 성모상을 보러 가는데, 하나같이 마음이 들떠 보인다. 몬세라트 수도원은 몬세라트 산 중턱에 있어서 산을 올라야 한다. 물론 걸어가도 되지만, 산을 보고 나면 걸어서 가겠다는 말이 쏙 들어간다. 험준한 바위산에 압도되어 누구라도 얼른 지갑을 열게 된다. 여행자 대부분은 케이블카나 산악기차를 탄다. 그중 케이블카가 더 빨라서 수도원까지 겨우 5분밖에 안 걸린다. 하지만 고소 공포증이 있거나 몬세라트 산을 제대로 감상하고 싶다면, 조금 느리더라도 산악기차를 타는 게 좋다. 그래 봤자 고작 10분밖에 차이가 나지 않는다.

나는 케이블카를 타기로 했다. 케이블카를 타는 곳으로 내려가니 산의 모습이 좀 더 분명하게 보인다. 몬세라트는 카탈루냐어로 '톱니 모양의 산'이라는 뜻인데, 정말 딱 맞는 이름이다. 산 정상이 뾰족뾰족한 게 정말 톱니 모양처럼 생겼다. 몬세라트를 눈앞에서 보니 검은 성모상을 처음 발견한 이들이 양치기라는 사실도, 사람들이 무어인을 피해 검은 성모상을 몬세라트 산의 동굴에 숨긴 까닭도 알 수 있을 것 같았다. 몬세라트는 그만큼 척박하고 험한 산이었다.

잠시 후 케이블카로 향하는 문이 열렸다. 사람들 목소리가 흥분에 들떠서 점점 커지고 있었다. 케이블카가 몬세라트 산으로 오른다. 정확히 말하자면 해발 1,236m의 몬세라트 산 중턱 725m 지점에 있는 수도원으로 향한다. 제법 속도감이 있어서 아래를 내려다보니 아찔하다. 기차역과 케이블카를 탔던 건물이 금세 성냥갑처럼 작아졌다. 동시에 아래쪽에서는 잘 보이지 않던 몬세라트 수도원과 그 주변을 둘러싼 기괴한 산봉우리가 모습을 드러낸다.

가까이서 보니 동글동글하고 길쭉한 바위가 군락을 이루는데, 산 정상이 우리나라 도봉산 바위랑 많이 닮았다. 그 바위들을 병풍처럼 둘러치고

케이블카를 타고 산 중턱을 오르자 몬세라트 수도원이 보이기 시작했다. 수도원 뒤편의 봉우리는 톱니모양
으로 우리네 도봉산의 그것과도 흡사했다.

자리 잡은 수도원이 판타지 소설에나 나올 법한 묘한 분위기를 뿜어낸다.

케이블카에서 내려 수도원 쪽으로 올라가자 이내 다른 세상이 펼쳐진다. 기차역이 있던 아래쪽과 달리 온통 관광객들로 북적인다. 카페, 레스토랑, 기념품 가게가 있고, 관광객을 실어나르는 꼬마 기차까지 왔다 갔다 한다. 속세를 떠난 수도사들이 수행하는 수도원이 지금은 관광지가 다 되었구나 싶다.

산 위라 기온이 낮아진 탓인지 반소매 옷을 입은 팔에 소름이 돋았다. 카페테리아에서 커피 한 잔으로 몸을 따뜻하게 하고 곧바로 수도원으로 향했다. 하루에 한 번 있는 오후 1시 미사에 늦지 않으려면 서둘러야 했다. 토요일을 제외한 이 미사 시간에는 유럽에서 가장 오래된 소년 합창단 중 하나인 에스콜라니아Escolania 소년 합창단의 성가를 들을 수 있다. 14세기에 만들어진 이 합창단의 단원은 모두 50명으로, 보통 학생들처럼 공부도 하고 놀기도 하면서 몬세라트 수도원에서 공동생활을 한다. 여름철 성수기 때 앞쪽 자리에 앉으려면 적어도 1~2시간 전에 도착해야 할 정도로 소년들의 성가는 인기가 높다.

예수와 열두 제자 상이 내려다보는 아름다운 안마당을 지나 성당으로 들어갔다. 성당 안은 벌써 사람들로 꽉 차 있다. 더는 들어갈 엄두조차 못 내고 그냥 서 있는데 앞쪽에서 노랫소리가 들려온다. 고운 미성이 성당 안에 가득 울려 퍼졌다. 이 느낌을 뭐라고 표현하면 좋을까. 영롱한 빛 속에서 천사가 날갯짓을 하며 내려와 살포시 감싸는 느낌이랄까. 시간이 길

에스콜라니아 소년 합창단이 부르는 성가를 듣기 위해 빼곡히 자리를 잡은 청소년들

고도 느릿해진다. 사람들이 숨죽인 채 귀를 기울이는 모습조차 경건해 보인다.

노래가 끝나자 느리게 흐르던 시간이 다시 정상으로 돌아왔다. 사람들은 그제야 숨을 내쉬고 웅성거리며 종종걸음으로 성당을 빠져나갔다. 성당 입구와 따로 분리된 오른쪽 문은 검은 성모상을 만나는 문이다. 이미 길고 긴 줄이 문밖까지 이어져 있다. 나는 줄이 줄어들기를 기다리며 먼저 수도원을 둘러보기로 했다.

산 중턱에 있는 몬세라트 수도원은 1025년 올리바 주교가 검은 성모상을 모시는 예배당 뒤편에 작은 규모의 베네딕토 수도원을 세운 것이 그 시초란다. 이런 점은 깊은 산속에 절을 짓고 그곳에서 수행하는 우리네 스님들과 닮았다. 13세기에 여러 번의 기적이 일어난 후, 몬세라트를 찾는 순례자들이 급증했는데, 순례자들은 지금도 이곳을 찾는다. 나는 좀 전에도 주변을 돌아보다 지팡이를 짚고 산에 오른 순례자를 만났다. 그 뒤 규모가 점차 커진 수도원은 15세기에 대수도원이 되었고, 1592년에는 몬세라트 성당이 세워졌다. 그러나 1811~1812년에는 나폴레옹 군사들이 수도원을 철저히 파괴했는데, 당시 9세기에 건설된 여러 예배당 가운데 겨우 하나만 성할 정도였다니 상황이 얼마나 심각했는지 알 수 있다. 이런 수난의 시기에도 사람들은 가장 먼저 검은 성모상을 깊숙이 숨겨두었는데, 그만큼 성모상은 카탈루냐인의 정신적 기둥이었다. 현재의 건물은 19~20세기에 재건한 것으로 지금까지 공사가 진행 중이다.

기다리는 줄이 많이 줄어들어 드디어 검은 성모상을 보러 갔다. 문을 들어서자마자 각국 관광객을 위한 안내서 가운데 한글 안내서가 눈에 띈다. 사실 유럽 여행 중에 한글 안내서를 만나기란 좀처럼 힘든 일이다. 그런데 유일하게 종교 관련 성지에서는 이처럼 친절한 한국 안내서를 만날 수 있

천사 소년 성가대의 천장화가 인상적이다. 천사의 문 앞으로 검은 성모상을 만나기 위한 줄이 길게 늘어서 있다.

다. 반갑고 감사한 마음에 한 글자도 빼놓지 않고 읽으며 줄을 따라간다.

전설에 의하면 검은 성모상은 성 루가[St. Luke]가 만들어 기원후 50년에 스페인으로 들여왔다고 한다. 성 루가는 성모 마리아의 성화를 가장 먼저 그린 것으로 알려진 사람이다. 검은 성모상은 718년 무어인(711년부터 이베리아 반도를 정복한 이슬람교도)들의 공격을 피해 몬세라트의 동굴 속에 숨겨졌다가 880년에야 발견됐는데, 당시 이야기는 이렇다.

어느 날, 몬세라트 산에서 양을 치던 어린 양치기들에게 밝은 빛이 비추며 천상의 음악이 들려왔다. 아이들이 부모에게 이를 알리고 함께 빛이 비치는 곳을 따라가 보니 동굴 안에 검은 성모상이 있었다고 한다. 이를 전해 들은 만레사[Manresa](몬세라트 근처의 도시) 주교는 검은 성모상을 만레사로 옮기려 했으나 성모상이 꿈쩍하지 않았다. 주교는 성모상이 몬세라트에 머물고 싶어 한다고 생각해 그곳에 예배당을 세웠다.

여기까지가 전해지는 이야기고, 역사학자들의 견해는 조금 다르다. 검은 성모상의 옷차림과 생김새를 보면, 로마네스크 양식으로 12세기 말에 만들어진 것이란다. 또한 유럽에는 무려 500여 개의 검은 성모상이 있는데, 모두 11~13세기에 만들어졌고, 높이는 75cm 정도, 나무에 칠해진 니스가 오랜 세월이 흐르면서 색이 어두워졌다는 공통점이 있었다. 두 가지 이야기 중 어떤 것에 더 끌리는지는 글을 읽는 사람의 '믿음'에 따라 다르겠지만, 어쨌든 검은 성모상은 1881년 레오 13세[Leo XIII] 교황에 의해 카탈루냐 지방의 수호 성모로 추대되고 왕관이 씌워졌다.

산 페드로 소예배당, 산 이그나시오 소예배당, 베네딕토 소예배당 등 여러 작은 예배당을 지나면 천사의 문이 나온다. 상단에는 성모 마리아가 구름 위에 두 손을 모으고 있고 둘레에는 천사들이 춤을 추고 있다. 중간 왼쪽에는 에덴동산에서 쫓겨나는 아담과 이브가, 오른쪽에는 마리아의 수태고지 이야기가, 맨 아래쪽에는 여러 성자가 새겨져 있다. 이 문을 지나 오르막길 계단 끝에 밝은 빛이 보인다. 천국에 올라가는 길인가 보다. 계단 양쪽에는 화려한 황금색 모자이크로 장식된 성자들의 모습이 새겨져 있다. 계단을 올라가면 작은 공간이 나오고 베데스다 연못의 기적을 부조로 묘사한 작은 분수가 보인다.

이제 하나의 문만 더 통과하면 성모상을 만날 수 있다. 문에는 대천사장 가브리엘과 성 요셉의 모습이 새겨져 있고, 문 바로 옆에는 눈길을 끄는 조각작품이 하나 있다. 바로 소년 성가대원 조각상이다. 성가대원 조각상에는 이런 사연이 있다. 병을 앓던 한 아이가 몬세라트의 성가대원이 되기를 간절히 바랐다. 수도원은 고민 끝에 하루 동안 아이에게 성가대 옷을 입히고 아이의 소원을 들어주었다. 아이는 얼마 뒤 안타깝게 세상을 떠났는데, 아이의 소원을 영원히 들어주고 싶었던 부모가 이 조각상을 만들어 수도원에 기증했다고 한다. 성가대원 조각상이 되어 방문객을 맞는 소년은 천국에서나마 이 모습을 지켜보며 행복했을 것 같다.

드디어 검은 성모상이 나타났다. 천장은 천국을 형상화한 듯 아름답게

병든 아이의 간절한 소망이 담긴, 성가대원 조각상

검은 성모와 아기 예수상이 플라스틱 관에 둘러싸여 있다. 성모상의 오른손에는 황금
구슬이 놓여있는데 이는 지구를 뜻한다.

꾸며놓았는데, 천사들이 하늘을 날고 비둘기도 보인다. 온통 금빛으로 화려하게 수 놓인 이곳이야말로 천국인 듯하다. 다만 검은 성모상이 플라스틱 관에 들어가 있는 게 좀 의외였지만, 수많은 방문객 때문에 손이 교체될 정도였다니 이해할 만하다.

검은 성모는 흔히 볼 수 있는 성모 마리아와 많이 다른 모습이다. 얼굴과 손이 몸과 비교하면 과장되었고 옷차림 역시 다르다. 로마네스크 양식의 특징이다. 성모 얼굴과 목 부분의 색도 다르다. 얼굴 부분이 좀 더 검정에 가까운 진한 색이다. 어린 예수는 성모의 무릎에 얌전히 앉아 있다. 성모의 오른손에는 동그란 황금 구슬이 놓여 있는데, 이는 지구를 뜻하며, 왼손은 아기 예수를 감싸듯이 소개한다. 하지만 고귀한 존재인 아기 예수 몸에는 성모의 손이 닿아 있지 않다. 아기 예수는 오른손으로 세상을 축복하고, 왼손에 생명과 다산을 상징하는 솔방울을 들고 있다. 그런데 성모가 황금 구슬을 든 오른손이 있는 플라스틱 관 부분에 동그란 구멍이 뚫려 있다. 성모상은 플라스틱 관 안에 들어가 있지만, 사람들은 이 구멍에 손을 넣어 성모의 손과 구슬을 만질 수 있다. 구슬을 만지며 소원을 빌면 소원이 이루어진단다. 나도 마음속으로 작은 소원을 빌었다.

성당을 나와 몬세라트 수도원 주변을 둘러보기로 했다. 내가 가진 통합 티켓은 수도원의 위쪽과 아래쪽을 연결하는 푸니쿨라Funicular를 탈 수 있다. 푸니쿨라는 경사진 곳을 운행하는 엘리베이터로 험한 산에서 아주 훌륭한 교통수단이다. 먼저 산타 코바Santa Cova로 가기로 했다. 산타 코바는 '성스러운 동굴'이란 뜻으로 검은 성모상이 최초로 발견된 곳이다. 동굴 자리에는 예배당이 세워져 있단다. 푸니쿨라를 타고 아래쪽으로 향했다. 관광객들이 많던 수도원과 다르게 분위기가 한적하다.

예배당으로 가는 길은 산 중턱을 깎아 만든 아찔한 절벽 길이다. 아까 케이블카로 올라올 때 절벽에 세워진 예배당을 보면서 저기까지 누가 가나 싶었는데, 지금 거기를 내가 가고 있다. 한숨을 내쉬며 예배당이 있는 곳으로 발걸음을 옮긴다. 힘들지만 여기까지 왔는데 보지 않고 그냥 갈 수는 없다.

일정한 간격으로 예수가 걸어온 길을 묘사한 조각들이 보인다. 기도와 명상의 길이 절벽을 따라 이어진다. 몇 구비만 넘으면 성당이 보이겠지 했는데 아직 멀었다. 바르셀로나로 돌아가는 열차 시간 때문에 마음이 초조해지기 시작한다. 발걸음이 점점 빨라지고 이마에 송골송골 맺힌 땀이 주르륵 흘러내린다. 나중에 알게 됐지만, 산타 코바 예배당은 가는 데만 40분이나 걸리는 거리였다.

진이 다 빠져서야 예배당에 도착했다. 아무도 없고 정적만 흐른다. 들어가자마자 사람들이 성모 마리아에게 바친 물건들로 가득 찬 작은 방이 나타난다. 아이들의 신발, 목걸이, 정성 들여 쓴 편지와 사진들……. 하나하나 사연이 담긴 물건들이 감동적이다. 이어지는 곳에 작은 예배당과 성모 마리아가 발견된 자리가 보인다. 예배당 안은 사람들이 켜놓고 간 촛불들이 일렁이고, 발견된 장소에는 작은 청동상이 자리하고 있다. 바로 이곳에서 발견되었구나. 험한 몬세라트에서조차 닿기 어려운 이곳에 검은 성모상을 숨겨두었다니, 당시 사람들의 성심이 얼마나 깊었는지 상상이 갔다.

이번엔 푸니쿨라를 타고 위쪽으로 올라갔다. 산 후안^{San Juan}은 수도원을 포함한 아래쪽을 모두 바라볼 수 있는 곳이다. 트래킹 코스가 있어 1~2시간 정도 등산하고 내려가는 사람들도 있다. 산 후안에서 내려다보니 몬세라트 정상에 있는 기암괴석의 형태가 뚜렷이 보인다. 사진을 찍는데 함

Montserrat 85

께 푸니쿨라를 타고 온 남자가 웃으며 말을 건넨다.

"저기 원숭이 바위가 보이나요?"

그가 가리키는 곳을 보니 정말 원숭이 형상이 보인다.

"다른 동물들이 더 있으니 한번 찾아봐요."

남자는 이렇게 말하고는 산 너머로 발걸음을 옮겼다.

'원숭이라고 말하지 않았으면 몰랐을 거야.'

로댕은 바위를 보면 그 속에 숨은 형체가 보인다고 했다. 자기가 한 일은 그저 바위에 숨은 형체를 꺼내서 구현한 것뿐이라고 말했다. 몬세라트에서 사그리다 파밀리아 성당의 영감을 얻은 가우디 역시 그런 사람이다. 기암괴석을 보고 사그리다 파밀리아 성당을 생각해내다니 정말 거장답다.

가 보 기............

바르셀로나 카탈루냐 광장Plaça de Cataluña 역 내의 근교선FGC 플랫폼에서 R5번을 타고 몬세라트 아에리 Montserrat AERI 역에 내린다. 1시간 5분 정도 걸린다. 몬세라트 아에리 역에서 케이블카를 타고 5분을 올라가면 몬세라트 수도원에 도착한다. 산악기차Cremallera de Montserrat를 타면 15분 정도 걸린다. 두 교통 수단을 이용해 왕복할 수 있는 통합티켓을 스페인 광장 역에서 판다. 표를 살 때 함께 주는 열차 시간표를 참고하면 일정 짜는 데 도움이 된다.

맛 보 기............

몬세라트에는 레스토랑이 세 개 있다. 레스타우란트 몬세라트Restaurant Montserrat, 레스타우란트 아바트 시스네로스Restaurante Abat Cisneros, 그리고 카페테리아다. 식당은 가격이 비싼 편이어서 사람들 대부분은 카페테리아를 이용한다. 카페테리아는 쇼케이스에서 먹고 싶은 음식을 담아 계산하는 시스템이다.

머 물 기............

오텔 아바트 시스네로스 Hotel Abat Cisneros

수도원 바로 옆에 있는 호텔이다. 관광객들이 빠져나간 뒤 몬세라트 수도원의 정취를 느껴보고 싶다면 이곳에 머무르는 것도 좋다.

address Monestir de Montserrat, s/n
telephone 93 877 7701

들 러 보 기............

몬세라트 수도원 Monasterio de Montserrat

1025년에 세워진 수도원으로 산타 코바에서 발견된 검은 성모상이 모셔져 있다. 토요일을 제외한 오후 1시 미사에서는 에스콜라니아 소년 합창단의 성가를 들 수 있다.

url www.montserratvisita.com

몬세라트 아에리 역

카페테리아

영원한 사랑을 찾아서, 달리 루트

피게레스, 카다케스, 푸볼

Figueres, Cadaqués, Púbol

여기 막장 드라마에나 나올 법한 이야기가 있다. 젊은 남자가 존경하는 한 사람이 있다. 존경받는 사람은 아내와 함께 젊은 남자의 집을 방문한다. 젊은 남자는 존경받는 사람의 아내를 소개받는다. 그녀는 풍성한 검은 머리와 검은 눈동자를 지닌 매혹적인 여성이다. 젊은 남자는 그녀에게 첫눈에 반한다. 아니, 반했다는 말로는 부족하다. 그녀는 젊은 남자가 어렸을 때부터 꿈꾸던 '꿈속의 여인' 그 자체였으니!

그때 젊은 남자에게 그녀가 먼저 손을 내민다. 그녀는 속삭인다.

"우리, 이제 헤어지지 마요."

서로 사랑을 확인한 두 사람은 도망치기로 한다. 친구를 버리고, 남편과 아이를 버리고서. 그들은 젊은 남자의 개인전을 겨우 이틀 앞둔 날 야반도주한다. 사람들은 미쳤다고 했다. 젊은 남자의 아버지는 아들이 다른 사람의 아내를 빼앗았다는 사실에 노발대발하며 아들과 절연했다. 아들 역시 영원한 족쇄이던 아버지와 절연한다. 사람들은 무모한 사랑의 도피 행각이 얼마 못 가 끝장날 거라고 수군거렸다. 하지만 이들은 결혼식 때 하는 서약처럼 '죽음이 두 사람을 갈라놓을 때까지' 하나가 되었다. 서로 상대가 없으면 완전체가 될 수 없었던 완벽한 연인, 이들은 살바도르 달리Salvador Dali와 갈라Gala다.

달리 박물관, 피게레스

달리와 갈라 이야기를 할 때면 언제나 격양된 마음을 추스르기 힘들다. 마치 우리네 빨래터에서 만난 뒷집 아낙이 이렇게 말하는 것 같다.

"세상에, 남편이랑 자식새끼 버리고 도망가서 얼마나 잘 살겠어! 천벌을 받아 마땅하지."

그렇다, 천벌을 받아 마땅하다. 그런데도 이들은 실상, 너무너무 행복하게 잘 살았다. 달리와 갈라는 마치 한배에서 난 암수한몸처럼 평생 붙어 살았다. 한동안 열렬히 사랑하다 미운 정 고운 정으로 남은 생을 버티는 여느 연인처럼 산 게 아니라, 첫 만남부터 죽을 때까지 정말로 '열렬히' 사랑했다. 어떻게 그런 사랑이 가능했을까? 나는 둘의 사랑 이야기가 궁금해서 피게레스로 향했다.

피게레스는 달리가 태어나고 묻힌 곳이다. 달리와 관련 있는 카다케스와 푸볼 역시 모두 이 근처라 피게레스를 거점 삼아 돌아보기로 했다. 예약한 호텔을 향해 트렁크를 끌고 한참을 걸어가는데 경사진 언덕이 떡 하니 나타났다. 분명 지도에는 없었는데……. 아무한테라도 소리치고 싶었다. 트렁크가 너무 무거웠기 때문이다. 나는 투덜거리며 다음부터는 무조건 기차역 앞에 있는 호텔을 구하겠노라 다짐한다.

기운이 다 빠져서야 호텔 입구에 도착했다. 내 이마에 흐르는 땀방울을 본 것인지 호텔 직원이 재빨리 문을 열어준다. 오래된 호텔 내부는 달리의 그림들과 달리를 떠오르게 하는 강렬한 색채의 가구로 장식돼 있다. 정말 달리의 고향에 왔구나 싶다. 짐을 풀자마자 다 죽어가던 몸에서 기운이 되살아난다. 재빨리 구시가지로 향했다. 가장 먼저 방문할 곳은 당연히 살바도르 달리 박물관이다.

피게레스는 한낮의 뜨거운 열기에 달궈지고 있었다. 아무것도 모를 때야 시에스타를 지내는 사람들은 일도 안 하고 좋겠다며 키득거렸지만, 살 갗이 홀딱 벗겨질 것 같은 태양을 만나보니 다시는 내 입에서 그런 농담이 나올 것 같지 않다. 스페인 여행을 해보면 누구나 깨닫게 된다. 시에스타는 놀려고 만든 게 아니라 살려고 만들었다는 것을.

살바도르 달리 박물관은 외관부터 심상치 않다. 분홍빛 성은 배를 드러낸 황금색 거북으로 화려하게 장식돼 있다. 위쪽은 거대한 달걀과 황금색 사람이 일정한 간격으로 세워져 있어 멀리서 보면 마치 왕관을 떠올리게 한다. 달리답게 박물관 역시 초현실적이다. 이곳은 본디 12세기에 지어진 극장인데, 스페인 내전 때 폭격으로 부서졌다가 1974년, 시의 지원을 받아 달리 자신이 박물관을 연 것이다. 달리는 왜 극장 자리에 자신의 박물관을 열었을까? 달리가 직접 꼽은 세 가지 이유는 이렇다. 첫째는 자신이 이 극장과 어울리는 극적인(!) 화가이기 때문이고, 둘째는 이 극장이 자신이 세례받은 교회 바로 맞은편에 있기 때문이고, 셋째는 이 극장 홀에서 첫 번째 개인전을 열었기 때문이란다.

피게레스의 달리 박물관은 세계에서 가장 많은 달리의 작품을 소장하고 있다. 달리가 남긴 4천여 점의 작품 가운데 1,500여 점이 이곳에 있다니, 이 박물관이 얼마나 중요한지 새삼 말할 필요가 없다.

그나저나 아무리 멀리 떨어져 있어도 이 기괴한(?) 건물은 사람들의 눈을 사로잡을 수밖에 없겠다. 달리의 그림에서 막 튀어나온 것 같기 때문이다. 정문은 한술 더 뜬다. 해양 잠수복을 걸친(달리는 잠수복을 입고 공식석상에 나타나기도 했다) 마네킹이 가운데 있고, 그 주변에는 황금 바게트를 머리에 인 사람들이 있다. 마치 달리가 "내 신전에 온 그대는 나를 경배하라." 하고 외치는 듯하다. 그래, 여기는 정말 달리의 신전일지 모른다.

수십 명의 단체 관광객을 뚫고 씩씩하게 박물관 안으로 들어선 나는 한

멀리서도 단번에 알아볼 수 있는 살바도르 달리 박물관

박물관 안 둥근 형태의 정원에는 캐딜락 자동차 위에 거대한 몸매의 여자 동상이 세워져 있다. 여자의 오른손에는 달걀이, 왼손에는 장미꽃이 들려있다.

동안 충격에 휩싸이고 말았다. 박물관은 갈라의 신전이었다.

그랬다. 피게레스에 있는 달리 박물관은 달리가 아닌 갈라의 신전이었다. 22개의 방 가득, 달리의 초현실주의 그림들이 빼곡했지만, 갈라를 향한 사랑, 존경, 나아가 숭배와 찬양이 그 중심에 있었다. 현실에서든, 꿈속에서든 갈라는 달리의 여신이었다.

달리가 그린 갈라의 그림은 아주 많다. 그중 최고는 역시 갈라를 성모 마리아로 표현한 작품이 아닐까? 한 남자에게 사랑하는 연인이자 성모 마리아 같은 존재감을 지닌 아내라니!

달리의 그림을 보면 달리가 '결혼하기 전처럼' 죽을 때까지 갈라를 사랑했음을 알 수 있다. 그의 자서전에는 이런 이야기가 나온다. 어느 날 갈라가 위독한 상태가 되자 달리는 일주일 내내 어린아이처럼 엉엉 울었다. 다행히 갈라는 병을 떨치고 일어났는데, 달리의 이야기를 듣고는 웃으면서 이렇게 말했다고 한다.

"결국, 내가 당신을 죽일 수도 있겠군요."

갈라는 달리의 뮤즈이자 아내이자 유일한 사랑이었고, 동시에 그의 천재적 재능을 알아차린 유능한 매니저요 보호자였다. 강박증과 불안증 속에 살던 달리를 보통 사람들과 이어주는 다리 역할을 하며 달리의 안정과 정서적 균형을 유지해준 사람이 바로 갈라다.

〈원자의 레다 Leda Atómica (1949)〉에는 갈라와 백조가 그려져 있다. 이 그림은 신화와 관련이 있는데, 제우스는 인간 레다의 아름다움에 반한 나머지 백조로 변신해 그녀와 관계한다. 그렇게 해서 태어난 쌍둥이가 바로 카스토르와 폴리데우케스다. 달리는 자신과 갈라를 레다가 낳은 쌍둥이의 화신으로 생각했다. 자신의 그림에는 '갈라-달리'라는 사인을 남길 정도였으니까!

옆에서 보면 액자, 벽난로, 소파의 모습이지만 정면에서 보면 마를린 먼로의 얼굴이 되는 초현실적인 방도 찾아볼 수 있다.

   하지만 난 조금 의아했다. 보통 자신의 어머니를 성모 마리아로 표현하기는 하지만, 아내를 숭고한 성모 마리아로 표현한 것은 무엇 때문일까? 10살이나 많은 나이 때문일까? 아니면 달리는 갈라를 정말 어머니로 여긴 걸까? 달리의 어머니는 그가 16살 되던 해에 유방암으로 세상을 떠났으니 가능성이 전혀 없는 건 아닐 거다. 평범한 내 눈에는 겨우 이렇게밖에 보이지 않았지만, 달리의 시각은 이랬다.

   "성모승천은 여성적 영역의 니체적 의지의 극점이다. 고유의 반양자적 남성의 힘으로 하늘에 오르는, 바로 슈퍼우먼인 것이다!" (달리의 자서전 중에서)

   성모가 '남성적 힘으로 하늘에 오르는 슈퍼우먼'이라니, 도무지 종잡을 수가 없다. 평범한 감성으로 달리를 이해하려 한다는 건 어쩌면 애초에 불가능한 일인지 모르겠다.

달리의 집, 카다케스

피게레스에서 한 시간 반이나 걸려 카다케스에 도착했다. 달리가 살았을 땐 전기조차 들어오지 않는 조용한 바닷가 마을이었지만, 지금은 바르셀로나 시민의 별장이나 주말을 위한 휴양지 마을로 유명하단다. 바닷가 옆에 새하얀 페인트로 칠해진 집들이 성당을 중심으로 오밀조밀 모여 있다.

버스가 마을 중심가에 나를 내려놓았다. 달리의 집은 어디에 있을까. 나는 해안도로를 따라 걸으며 관광 안내소나 표지판이 없나 두리번거렸다. 아주 작고 조용한 해변이다. 큰 소리로 누군가를 부르면 마을 사람들이 다 쳐다볼 것만 같다. 해변은 모래 대신 동글동글한 돌로 채워져 있다. 사람들은 조용히 일광욕을 즐기며 한가로운 시간을 보낸다. 토플리스 차림의 여성도 보인다. 차도가 바로 옆이라 예쁜 몸매의 여자가 있으면 노골적으로 차를 세워놓고 구경하는 사람도 있다.

마침 경찰이 보여 달리의 집으로 가는 길을 물었다. 손가락이 저쪽 언덕을 가리킨다. 헉! 저 언덕을 넘어야 달리의 집이 나타난단다. 아, 저 언덕을 넘고 싶지 않다. 버스는 없냐고 물으니 시계를 보더니 지금은 없단다. 도리어 내게 차가 있냐고 묻는다.

언덕을 올랐다. 오늘의 목적지가 꽤 높은 언덕을 넘어야 나온다니 결국은 땀을 뻘뻘 흘리며 숨을 헐떡인다. 언덕에 세워진 새하얀 집들을 가로지르자 정상에 큰 도로가 나타났다. 아하, 이래서 내게 차가 있냐고 물은 거구나. 길 건너편에 새하얀 작은 성당이 나타났다. 나뭇가지로 만든 십자가와 나뭇가지로 만든 뼈대만 있는 예수 모습이 인상적이다. 이제 내리막길을 가야 한다. 파란 바다가 눈에 들어왔다. 옴폭 들어간 만 주변으로 온통 올리브 나무다. 두껍고 새하얀 광택이 나는 단단한 올리브 잎은 멀리까지 제 존재를 알린다. 그리고 그 한가운데에 달리의 집이 있다. 표지가 없어도 한눈에 알 수 있다. 멀리서도 눈에 띄는 달리의 달걀! 저곳이다!

달리의 집은 가이드 없이는 돌아볼 수 없다. 그래서 예약제로 운영한다. 창구에서 물어보니 3시간 뒤에나 가능하단다. 다리에 힘이 쫙 풀린다. 3시간 뒤에나 들어갈 수 있다는 말보다 다시 저 언덕을 넘어야 한다고 생각하니 앞이 캄캄했다. 난감해하는 내 표정에 창구직원이 혼자 왔냐고 묻는다. 오호, 절호의 기회다!

"네, 혼자 왔어요."

이럴 땐 무조건 간절한 표정을 지어야 한다. 직원은 잠시 고민하더니 15분 뒤에 들어가는 입장권을 끊어준다. 이렇게 고마울 수가! 바깥에 자기 차례가 돌아오기만을 기다리는 사람이 저렇게나 많은데. 감사하다는 말을 한 10번쯤 했다. 여행 중에 종종 찾아드는 이런 행운의 맛은 역시 달콤하다.

달리의 집 앞 해변을 잠시 구경하고 있자니 벌써 들어갈 시간이다. 가이드는 문 앞에서 차례가 된 사람들을 불러 집 안으로 안내했다. 마지막으로 내가 들어가자 커다란 열쇠로 문을 잠근다. 가이드는 문밖에서부터 집 안의 아무것도 만지지 말라고 신신당부하며 주의를 준다. 그 말투가 너무 강경해서 낯설었는데, 집 안으로 들어서자마자 그 까닭을 알 수 있었다. 쉴 새 없이 감탄사가 흘러나왔다. 지금도 달리가 살고 있는 듯 너무 생생하다. 초현실주의자가 살던 집답게 말 그대로 초현실적인 집이다!

Figueres, Cadaqués, Púbol 99

집이란 스스로 편하게 느끼고 생활하는 공간이다. 우리에게는 이상해 보일지 몰라도 달리에게는 한없이 편하고 천국 같은 집이었겠지. 마치 달리의 머릿속에 들어온 느낌이다. 집은 언덕에 비스듬하게 서 있는데, 내부에도 이런 특징이 잘 반영돼 있다. 거실과 방, 아틀리에가 계단처럼 여러 층으로 된 오픈 구조로 빛이 잘 들었다. 집 안은 상징으로 가득 차 있고, 달리의 그림에 여러 번 쓰인 백조와 독수리, 황소가 전시돼 있다. 작업실로 쓰던 아틀리에에 있는 〈갈라를 그리는 달리〉가 눈길을 끈다. 위층으로 올라가는 계단에는 달리를 사로잡은 밀레의 〈만종L'Angelus〉이 벽면을 가득 채우고 있다. 천장 위는 벚꽃으로 가득 찬 거대한 일본풍 우산이 있다. 한쪽 벽면에는 그가 목숨처럼 사랑한 갈라가 한쪽 가슴을 드러낸 채 사진에 들어가 있다. 그림만 있는 줄 알았더니 사진도 있었네.

달리는 이 집에서 1930년부터 갈라가 죽은 뒤 푸볼 성으로 옮기기 전까지 살았다. 오랫동안 자신에게 맞게 조금씩 고치고 꾸민 티가 났다. 그중에서 '새들의 방'에 있는 거대한 새장과 거울을 이용한 독특한 시스템이 흥미로웠다. 태양이 뜨면 창으로 들어온 햇빛이 거울에 반사되어 달리의 침대까지 들어온다. 석굴암 안에 빛이 들도록 설계한 것과 비슷해 보였다. 사적인 공간인 침실과 욕실, 사람들로 복작거렸을 거실…… 여러 방 가운데 특히 붉은빛이 감도는 타원형 모양의 방에 기다란 타원형의 낙타색 소파가 인상적이었다. 친구들과 수다 파티를 열기에 안성맞춤인 공간이다. 주인 없는 집에 들어와 집 구경하는 재미가 이런 거구나. 역시 멀리까지 고생해서 온 보람이 있다. 하지만 재미난 집 구경에 못내 아쉬운 점이 하나 있다. 집 안에는 가이드가 구역별로 있는데 일정한 시간이 지나고 '삐' 하는 소리가 울리면 서둘러 사람들을 내쫓는다. 마음대로 돌아다니며 볼 수가 없고 방마다 쫓기는 마음으로 둘러봐야 한다.

Figueres, Cadaqués, Púbol 103

어느덧 시간이 다 돼 가이드에게 쫓기다시피 밖으로 나왔다. 정원은 마음대로 둘러봐도 된단다. 자유다. 눈이 부시다. 싱그러운 올리브 나무가 있는 정원으로 향하니 달리의 달걀 너머로 눈부신 바다가 보인다. 다소곳이 머리를 기댄 한 쌍의 은색 머리가 바다를 뒤로하고 있다. 달리와 갈라의 영원한 사랑 같다. 올리브 나무에서 이어진 정원도 집처럼 어찌나 초현실적인지 달리가 그린 그림이 현실로 살아난 느낌이다. 아테나 여신 아래 길게 이어진 수영장에는 백조들이 짝을 이뤄 물을 뿜어낸다. 그 끝에는 달걀과 스페인 전통인형으로 장식된 분수와 화려한 문양의 뱀, 새빨간 입술 모양의 소파, 뜬금없는 미쉐린 타이어 캐릭터와 타이어들로 꾸며져 있다. 둘레는 온통 꽃밭이다. 노란 유채꽃과 분홍빛과 보랏빛 베고니아가 만발했다. 바닷바람에 라벤더와 아이리스가 한들거리며 향기를 퍼뜨린다. 이곳이야말로 달리의 낙원이었구나.

달리의 성, 푸볼

관광 안내소에서 달리의 성이 있는 푸볼에 가는 법을 물어보니 직원이 내게 묻는다.

"혹시 자가용 있으세요?"

이런, 나는 운전면허도 없다. 스페인을 여행하면서 자동차로 여행하면 좋겠다는 생각이 자주 들었다. 그만큼 개별 여행자를 위한 인프라가 아직은 잘 갖춰져 있지 않았다.

"대중교통은 없나요?"

"있기는 해요. 버스가 근처에 서는데, 2km 정도 걸어야 해요. 꽤 멀죠."

2km라면 걸을 만하다. 느린 걸음으로 1km를 가는 데 15분 정도 걸리니까 30분 정도면 부담이 없다. 가고 오는 버스 편만 확실하면 되겠다. 딱 하나 걱정되는 것만 빼고.

"그런데 언덕에 있는 것은 아니죠?"

"언덕은 아니에요. 평지에 있어요."

"다행이네요. 카다케스에서 언덕을 넘었는데 너무 힘들었거든요."

"카다케스 언덕을 넘었다면 푸볼로 가는 길은 식은 죽 먹기일걸요. 호호호."

한 시간 정도 지나 버스에서 내렸다. 큰길가에 달랑 버스 정류장만 있

다. 운전기사가 내리라니까 내리면서도 여기가 맞나 싶었지만, 걱정도 잠시, 성당이 보이는 작은 마을 쪽에 있는 표지판이 눈에 들어온다. '갈라와 달리의 성 박물관 Casa-Museo Castillo Gala-Dalí '이라고 쓰여 있다.

차도를 따라 25분 정도 걸으니 손바닥만 한 푸볼 마을이 나를 반긴다. 마을에서 가장 높은 곳에 갈라와 달리의 성이 있다. 11세기에 만들어진 성은 달리가 1969년에 사들였는데, 당시만 해도 흉물스럽기 짝이 없었단다. 하지만 달리는 갈라에게 선물할 마음으로 정성 들여 성을 가꾸고, 마침내 1972년 갈라가 이곳에 이사를 온다. 달리는 카다케스의 집에 머물렀다.

겉모습은 성이라기보다는 저택 같은 작은 규모다. 계단을 걸어 올라가니 달리의 천장화가 보이는 로비가 나타났다. 내 눈길을 사로잡은 건, 그림으로 그려놓은 문과 천사 모습을 한 갈라가 구름 위에 떠 있는 조각이다. 천사는 문 위에 서 있는데, 그 문으로 들어가면 갈라의 방이 나온다. 갈라의 침대, 갈라의 화장대, 갈라의 욕실……. 갈라를 향한 달리의 세심한 배려가 곳곳에 묻어난다.

푸볼 성은 달리가 마지막 작품활동을 한 공간이자 갈라가 숨을 거둔 곳이다. 갈라는 1982년 89세의 나이로 세상과 작별했다. 자신의 분신과 같은 갈라가 죽자 달리는 깊은 절망감에 빠졌다. 달리는 카다케스에서 푸볼 성으로 거처를 옮긴 후 한동안 성에 틀어박혀 지냈다. 작품활동도 하지 않았다.

하지만 얼마 뒤 달리는 다시 활동을 시작했다. 그러다 1984년 푸볼 성에 화재가 나 그 뒤 피게레스에서 생활했다. 그리고 1989년 피게레스 병원에서 숨을 거두고 만다. 당시 달리는 이미 정신착란, 영양실조, 파킨슨병에 시달리고 있었다.

성의 꼭대기 층에는 갈라와 달리가 입던 옷이 전시돼 있다. 사진에서

본 보석 박힌 화려한 인도풍 실크 드레스와 파티 때 입던 이브닝드레스가 있는데, 몇몇은 달리가 직접 디자인했단다. 밖으로 나오면 갈라의 유해가 안치된 납골당으로 이어진다. 달리와 함께라면 좋으련만 달리의 묘는 피게레스의 박물관에 있다. 성 밖으로 다양한 나무가 있는 작은 정원이 보였다. 카다케스의 집에 비하면 보잘것없지만, 달리의 그림에서 보았던 다리가 길고 가느다란 코끼리가 서 있다. 그림에서 본 코끼리를 실제로 보니 달리가 그린 초현실의 세계는 달리에게는 어쩌면 현실이었을지도 모르겠다는 생각이 든다.

달리는 종종 발작하듯 웃곤 했는데 그 웃음은 상상력에서 시작됐단다. 저기 앉아 있는 점잖은 사람의 몸통이 조각나 있고, 머리는 부엉이라면 어떨까? 결정적으로 부엉이 머리에 똥이 얹혀 있다면? 달리는 보통 때 이런 생각을 하며 웃곤 했다. 달리의 대표작인 〈기억의 지속Persistencia de la Memoria〉이 그려진 내력 역시 이렇다. 어느 날 저녁, 달리는 피곤한 데다 편두통에 몹시 괴로웠는데 문득 시계를 보니 시계가 카망베르 치즈처럼 흘러내리는 환상이 보였다고 한다.

현실은 이렇게 누군가에게는 다르게 보인다. 우리는 그런 사람을 광인狂人이라 부를지 모르지만, 남들과 다르게 볼수록 상상력과 창의력이 넘치는 천재일 가능성 역시 높아진다.

달리는 스스로 천재라 했다. 그리고 자신의 광기를 공개적으로 대중에게 어필하며 이목 끄는 것을 즐겼고, 돈도 남부럽지 않게 벌어 부유하게 생활했다. 물론, 이 모든 것은 갈라가 없었다면 이룰 수 없었을 것이다. 갈라가 없었다면 달리는 정말 미쳐 버렸을지 모른다. 천재 예술가 중에는 남들과 다른 시각이나 행동으로 따돌림을 당하며 쓸쓸히 인생을 마무리 ·한 작가가 많다. 그들과 비교하면, 달리는 그 자신의 말대로 정말 천재이 긴 천재였나 보다.

Figueres, Cadaqués, Púbol III

가 보 기 ....

피게레스를 제외하고 모든 장소는 버스 편으로 가는 것이 가장 편리하다. 하지만 버스가 드물어서 최소한 하루 전에, 버스 터미널에서 미리 시간표를 확인해두는 것이 좋다.

기차 www.renfe.es
버스 www.sarfa.com

1. 피게레스

버스보다는 기차가 편리하다. 하루에 많은 편수를 운행한다. 바르셀로나에서 기차로 2시간 정도, 지로나에서는 기차로 30분 정도 걸린다.

2. 카다케스

지로나와 피게레스에서 버스로만 갈 수 있는데, 피게레스에서 출발하는 버스가 더 편리하다. 지로나에서 출발하는 207번 직행버스는 하루에 한 번, 늦은 오후에 있는데, 1시간 50분이 걸린다. 피게레스에서 출발하는 407, 408번 버스는 하루에 7회 운행하며, 1시간 20분 정도 걸린다.

3. 푸볼

피게레스에서만 갈 수 있고, 버스로 1시간 반 정도 걸린다.

맛 보 기 ....

오닉스 Ónix [피게레스]

싼 가격으로 점심 코스 요리를 맛볼 수 있다.

address Carrer Sant Llatzer, 8
telephone 972 10 48 00

엘 바로코 El Barroco [카다케스]

카다케스에서 꽤 평이 좋은 식당. 버스에서 내려 해안을 바라보고 조금 오른쪽으로 걷다 보면 있다.

address Carrer nou
telephone 972 258 632

머 물 기 ....

오텔 람블라 피게레스 Hotel Rambla Figueres [피게레스]

피게레스에는 호스텔이 없고 호텔뿐이다. 여러 호텔이 있는데 가격대가 대체로 비슷하다.

address Rambla, 33
telephone 972 67 60 20
url www.hotelrambla.net

오텔 옥타비아 Hotel Octavia [카다케스]

달리의 집 입장권 예약은 하루 전에 해두는 것이 좋은데, 그러려면 카다케스에 있는 호텔에 머무르는 것이 좋다. 이곳이 제격이다.

address Sant Vicenç, s/n
telephone 972 15 92 25
url www.hoteloctavia.net

라스 모라다스 델 우니코르니오 Las Moradas del Unicornio [푸볼]

푸볼은 아주 작은 마을로 호텔이 딱 하나 있다. 그래서 가격이 다른 작은 도시보다 비싼 편이다.

address Plaza Constitución, 3
telephone 608 44 29 81
url www.lasmoradasdelunicornio.com

둘러보기 …………

살바도르 달리 박물관 Teatro—Museo Dalí

피게레스의 극장을 개조해 만든 달리 박물관. 달리의 묘가 있다.

address Plaza Gala—Salvador Dali 5, E—17600 Figueres
telephone 972 677 500

달리의 집 박물관 Casa—Museo Salvador Dali

달리가 전성기 때 살던 집으로 작은 해안가에 있다.

address Portlligat, E—17488 Cadaqués
telephone 972 251 015

갈라와 달리의 성 박물관 Casa—Museo Castillo Gala Dali

푸볼에 있는 갈라와 달리의 성으로, 달리가 갈라에게 선물했다. 이곳에서 갈라가 숨을 거두어 그녀의 무덤이 있다.

address Plaza Gala Dalí, E—17120 Púbol—la Pera
telephone 972 48 86 55

달리의 집 박물관

갈라와 달리의 성 박물관

유대인의 흔적을 찾으러 가는 길

베살루

Besalú

피게레스의 호텔에 머문 지 벌써 사흘째다. 체크아웃을 하며 베살루에 다녀와 지로나로 떠난다고 했더니 호텔 직원의 눈이 아쉽다고 말한다. 사흘전 호텔에 도착해 3일 밤을 예약했다고 했을 때, 피게레스 같은 작은 마을에 동양인이 3일씩이나 머무는 게 신기하다는 얼굴을 하던 직원이다.

"오늘 떠나시는군요. 베살루는 아름다운 작은 마을이래요. 이곳에서 오래 살았지만 저도 아직 못 가봤어요. 지로나는 피게레스보다 훨씬 크고 아름다운 곳이구요. 꼭 이탈리아 같아요. 남자친구와 종종 가요. 베살루에 잘 다녀오시고, 남은 여행 잘하세요."

짐을 맡기고 버스 터미널로 향했다. 베살루는 피게레스에서 25km 정도 떨어져 있는데 버스로 30분쯤 걸린다. 가까운 거리라 소풍가듯 마음이 가볍다. 베살루는 다녀온 사람이 거의 없고 정보가 드물어, 관광 안내소에 완전히 기대기로 했다. 베살루 워킹투어를 운영한다니 오늘은 편하게 따라다니면 되겠지. 그러나 막상 버스가 베살루에 도착했을 때 마을은 고요했다. 막 시에스타가 시작된 것이다. 이런, 관광 안내소는 2시간 뒤에나 문을 열 텐데…… 할 수 없다. 시간을 보낼 겸 마을을 돌아보기로 했다.

아름다운 중세마을이라더니 베살루는 그냥 중세시대에 만들어진 마을 같아 보였다. 내심 실망하고 있는데 강가에 다다르자 내 눈앞에 펼쳐진

아름다운 광경에 나는 입을 다물지 못했다. 마을에 들어올 때 다리 쪽에서 걸어 들어왔으면 이 아름다움을 처음부터 맘껏 즐겼을 텐데, 나는 반대로 돌아다니고 있었던 것이다.

베살루는 10세기 무렵에 형성된 중세마을이다. 세월이 흐르면서 초기 건축은 일부만 남았는데, 마을의 가장 높은 곳에 있는 산타 마리아 수도원La Canónica de Santa Maria이 그중 하나다. 이곳에서는 마을 전경을 한눈에 내려다볼 수 있다. 마을은 거의 반 정도가 강으로 둘러싸여 있다. 먼 옛날, 이곳에 마을이 생긴 이유가 뚜렷이 보인다. 강이 바로 옆에 있으니 적의 공격을 막아내기에 좋고, 물은 식수로 쓰기에 좋은 전형적인 유럽 마을 지형이다. 꼭 우리네 배산임수의 살기 좋은 지형이라고나 할까.

다리에는 중간 문이 하나 있고 성곽 입구에도 문이 하나 더 있다. 이 같은 이중문은 적의 공격을 막는 데 효과적이었을 것이다. 다리를 건너 마을 안으로 들어가면 기념품을 파는 곳이 이어지는데 사람들이 바글거리는 아이스크림 가게도 눈에 띈다.

좀 더 걸어가면 왼쪽 계단 아래로 유대인이 살던 흔적을 볼 수 있다. 베살루가 다른 아름다운 마을들과 다른 점이 바로 이것이다. 유대인은 스페인 땅 곳곳에서 광범위하게 살았지만, 베살루처럼 유대인 목욕탕을 볼 수 있는 곳은 많지 않다. 베살루는 스페인에서 최초로 유대인 목욕탕이 발견된 곳이다.

로마인과 무슬림의 목욕탕은 익히 알려져 있다. 로마인들에게 '목욕'은 문화인의 기본소양이었으며, 목욕탕은 건강과 사회생활을 위한 중요공간이었다. 로마인의 힘이 지중해 연안 곳곳으로 뻗어 나갈 때마다 그곳에는 목욕탕이 생겨났다. 개인용 목욕탕도 있었지만, 공중목욕탕 또한 함께 건설됐다. 로마인들의 목욕탕은 우리의 상식을 넘어선다. 공중목욕탕은 목

욕하는 장소일 뿐 아니라 도서관, 식당, 정원, 분수와 여러 신의 동상, 화려한 장식 등으로 꾸며진 사교를 위한 장소이기도 했다. 목욕탕에 들어가는 많은 양의 물을 대려고 당시 로마 곳곳에는 거대한 수로가 건설됐고, 이를 구현하기 위한 고도의 토목기술 역시 함께 발달했다.

무슬림에게 물은 '종교적 정화'로서의 의미가 가장 우선한다. 그들은 모스크에 들어가기 전에 자기 몸을 씻는데, 먼저 오른손과 왼손을 씻고, 오른발과 왼발을 씻고, 양쪽 귀와 양쪽 눈 그리고 코와 입을 씻은 뒤에 모스크 안으로 들어간다. 그들은 이 과정을 하루에 5번이나 반복한다.

무슬림은 이렇듯 청결을 강조한다. 무슬림의 목욕탕인 하맘Hamam은 종교적인 의미보다 몸을 깨끗하게 하는 곳이다. 돔형 지붕에 뚫린 구멍으로 햇살이 들어오고, 스팀이 가득한 넓은 공간에는 커다란 대리석이 놓여 있다. 사람들은 이곳에 앉아 몸의 각질을 불리고 때를 민다. 탕 안에 들어가 때를 불리는 우리나라 풍습과는 조금 다른 모습이다.

유대인의 목욕탕인 미크베El Miqvé(영어로는 Mikvah)는 온전히 종교적 의미를 지닌 곳이다. 몸을 씻는다기보다 종교적 정결함을 뜻하는 정화의 의미가 깊다. 예를 들어, 유대교도가 되거나 개종하는 의식으로 몸을 씻을 때, 성직자가 종교적 의식을 앞두고, 안식일 이전에, 여성들이 생리나 출산 이후에 목욕탕을 이용했다.

이곳의 유대인 목욕탕은 1964년 우연히 발견됐다. 스페인에서는 최초로, 유럽에서는 세 번째로 발견된 만큼 굉장히 귀한 유적이다. 이곳이 궁금해 베살루를 찾았다고 해도 틀린 말이 아니다.

표지판을 보고 유대인 거주지역과 유대인 목욕탕을 찾을 수 있었다. 그러나 목욕탕으로 들어가는 문은 굳게 잠겨 있고, 유대인 거주지역은 정말 흔적밖에 없다. 가운데에 시나고그Synagogue(유대인들의 예배당) 터가 있고,

어렵게 볼 수 있었던 유대인 목욕탕 미크베. 계단 아래쪽에는 30cm 정도 높이의 물이 채워져 있었다.

그 옆으로 유대인 목욕탕이 맞닿아 있다. 강 쪽으로 이어진 계단을 내려가 봤지만, 집의 온전한 형태는 찾아볼 수 없고 기둥과 터만 보였다. 표지판에 유대인 거주지역이라 써놓지 않았다면 틀림없이 그냥 폐허라고 생각했을 것이다.

관광청 홈페이지를 둘러보니 마을 투어를 진행한다고 나와 있다. 당연히 오후 타임에 참가할 수 있겠거니 하고 시간이 되자 관광 안내소에 가서 물었다.

"안녕하세요. 베살루 투어를 신청하고 싶은데요."

"아, 오늘은 투어가 없어요."

"네?"

투어가 없다니 이럴 수가! 다시 자세히 물어보니 어느 정도 인원수가 돼야 진행하는 투어란다. 그래도 투어만 바라보고 2시간을 기다렸는데 너무하다. 유대인 목욕탕은 관광 안내소를 통해서만 들어갈 수 있는데…… 이대로 그냥 갈 수는 없다. 간절한 마음으로 오늘 지로나로 가야한다고 이야기했더니, 매니저가 조금 뒤에 오니 기다려보란다.

얼마 안 있어 매니저가 도착했다. 나는 다시 한 번 구구절절 상황을 이야기했다. 그랬더니 흔쾌히 따라오란다. 신난다.

매니저를 따라 유대인 목욕탕이 있는 곳으로 갔다. 30~40명의 단체 관광객이 기다리고 있었는데 이렇게 반가울 수가! 아까 다리 쪽에 정차한 관광버스에서 내린 사람들이다. 이들을 위해 목욕탕 문을 연 짬에 나를 살짝 들여보내 주는 것이다. 인솔자가 먼저 들어갔는데 사람들이 다 들어가지 못했다. 로마나 아랍 목욕탕을 상상했는데 이 정도로 공간이 좁다니 의외다. 꽤 오랜 시간이 지나서야 사람들이 나왔다. 비가 한두 방울씩 떨어지기 시작했다. 이 정도 비쯤이야 맞아도 좋다. 한 번도 본 적 없는 유대인 목욕탕을 두 눈으로 볼 소중한 기회를 얻었으니까.

드디어 내 차례가 되어 계단을 천천히 내려갔다. 지하로 이어지는 계단 끝에는 30cm나 될까 말까 한 물이 채워진 목욕탕이 있었다. 생각보다 정말 작았다. 가족탕 정도 크기랄까. 성모 발현지로 유명한 프랑스의 루르드[Lourdes]에서 침수의식을 한 적이 있는데, 그 크기와 비슷하다. 물이 없었다면 영락없이 작은 감옥이라 생각했을 것이다. 역시 종교적인 목적으로 쓰였기 때문이겠지. 안식일[Sabbath]이나 욤 카푸르[Yom Kippur](속죄일) 같은 성스러운 날, 조용히 이곳을 찾아 몸과 마음을 정갈히 했을 유대인들을 상상해본다. 이 작은 공간이 신과의 소통에 중요한 역할을 했으리라.

작은 창문에 난 창살 사이로 빗소리가 들어온다. 덕분에 나는 다시 현실로 돌아온다. 하마터면 못 볼 뻔했는데 애써 노력한 보람이 있다. 밖으로 나와 관광 안내소 매니저에게 고맙다는 인사를 다시 한 번 했다. 빗줄기는 이미 굵어져 금세 흠뻑 젖을 정도가 됐다.

시계를 보니 아직 버스 시간이 남았다. 비를 피할 곳을 찾아 두리번거리다 아기자기한 카페 하나를 발견했다. 커피와 차, 홈메이드 파이를 파는 가게다. 안으로 들어가 자리를 잡았다. 카푸치노와 사과 파이를 주문했다. 여주인이 주문한 커피를 내리는데 신선한 커피향이 비에 젖은 몸을 따뜻하게 감싼다. 문쪽에서 종소리가 났다. 동네 주민인 듯한 사람이 들어와 차를 고르고 여주인은 이들과 날씨에 관한 일상적인 이야기를 나눈다. 오븐 안에서 사과 파이가 달콤한 냄새를 풍기기 시작했다. 긴장이 풀리니 배가 고파온다. 카푸치노와 사과 파이가 빨리 나오면 좋겠다. 빗줄기가 점점 거세지고 있었다.

가 보 기 ....

베살루는 카탈루냐 지방의 지로나 주에 있는 작은 중세마을로, 피게레스에서 버스로 30분 정도 걸린다. 버스는 하루에 3~5편 정도 있으니 일정을 잘 짜야 한다. 버스 터미널에 문의하면 버스가 출발하는 플랫폼을 알려준다.

베살루 관광청 www.besalu.cat

맛 보 기 ....

폰트 벨 Pont Vell

베살루의 중세다리를 바라볼 수 있는 전망 좋은 식당으로, 요리가 맛있어 특히 인기가 높다. 홈메이드 푸아그라, 비둘기 요리, 트뤼플 같은 특별한 요리들을 만날 수 있다.

address Pont Vell, 24~28

telephone 972 59 10 27

url www.restaurantpontvell.com

디에스 델 폰트 10 del Font

커피와 차, 홈메이드 파이를 파는 카페다. 소박한 맛이 있다.

address Carrer de Pont Vell, 10

telephone 972 59 11 02

즐 길 거 리 ....

베살루 중세축제 Medieval Besalu

천 년 전 베살루의 모습을 그대로 되살린 축제로 전통 의상, 음악, 음식 등을 즐길 수 있다. 해마다 9월 첫째 주말에 열리는데 연간 25,000여 명의 방문객이 찾는다.

url www.besalumedieval.cat

디에스 델 폰트

베살루 전통 쿠키

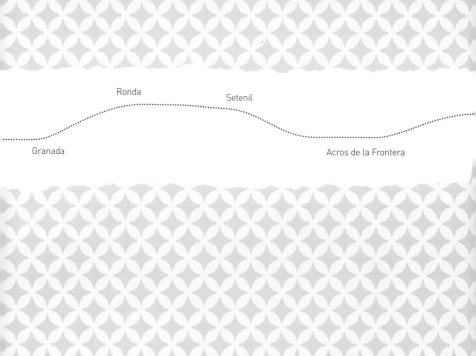

Ronda

Setenil

Granada

Acros de la Frontera

안달루시아 지방

Jerez de la Frontera   Sevilla

Palos de la Frontera

붉은 흙으로 지어진 요새, 알람브라
그라나다
....
Granada

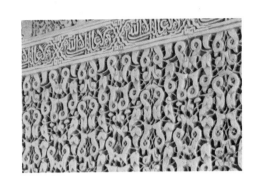

스페인은 오랜 세월 무어인^{Moors}의 지배를 받았다. 무어인은 북아프리카에 살던 사람들로 아라비아인, 베르베르인, 흑인의 피가 섞인 이슬람교도를 말한다. 무어인들은 711년 서고트 왕국이 지배하던 이베리아 반도를 침략했고, 50년 뒤에는 지금의 포르투갈과 스페인 그리고 프랑스 일부 지역까지 차지했다. 터전을 잃은 가톨릭교도들의 레콘키스타^{Reconquista}(국토회복운동)는 그때부터 시작됐다.

1212년 카스티야의 알폰소 8세^{Alfonso VIII}가 이끄는 가톨릭 연합군이 대승을 거두며 레콘키스타는 활기를 띠기 시작했다. 이 전투로 알모아데 왕조^{Emirato de Almohade}는 멸망하고, 이베리아 반도의 반을 내주게 된다. 알모아데 왕조가 멸망하자 그라나다에는 1238년 나스르 왕국^{Reino Nazarí de Granada}이 들어선다. 나스르 왕국은 이베리아 반도에서 이슬람 최후의 왕조가 됐다.

알람브라^{Alhambra}는 1492년 1월 2일, 이사벨 1세 여왕^{Isabel I de Castilla}과 페르난도 2세^{Fernando II de Aragón}에 의해 멸망할 때까지 나스르 왕국의 중심지였다. 반면 스페인에 1492년은 기나긴 레콘기스타의 종지부를 찍은 해이자 콜럼버스가 신대륙을 발견한 역사적인 해이기도 하다.

몇 해 전, 나는 자정쯤에 그라다나 기차역에 도착했는데, 밤늦은 시간이었지만 도시가 대낮처럼 활기차고 열정적이었던 분위기가 아직도 생생하다. 그때와 달리 이번에는 야간기차를 타고 아침 일찍 그라나다에 도착했다. 아침의 그라나다는 밤과 달리 평범했다. 한산한 거리에는 출근하는 사람들만 보인다. 그라나다의 진면목을 보려면 역시 오전보다는 자정이 좋겠다는 생각이 든다.

성수기 직전이라 기차역 근처의 고급호텔을 굉장히 저렴한 가격에 예약할 수 있었다. 이른 시간인데 고맙게도 일찍 체크인을 해줘서 왠지 조짐이 좋다. 편안한 여행이 될 것 같다. 짐을 내려놓고 곧바로 알람브라로 향하려는데 배에서 꼬르륵 소리가 난다. 구경보다 먼저 뱃속에 뭔가 넣어줘야겠다.

어디서 아침을 먹을까. 구시가지에 있는 한 카페테라스에 자리를 잡았다. 오늘은 스페인 전통식으로 아침을 먹어봐야겠다. 스페인 사람들은 바삭하게 구운 바게트에 올리브유를 문질러 묻히고는 토마토 퓌레를 얹어 커피와 함께 먹는다. 북부보다는 남부 쪽에서 자주 볼 수 있는 아침 식사다. 버터와 잼을 발라 먹는 것보다 촉촉한 느낌인데, 한마디로 건강식을 먹는 느낌이랄까. 진하고 부드러운 커피가 목구멍을 타고 흘러내려 가자 카페인이 실어나르는 특유의 에너지가 온몸에 돌기 시작한다.

여유 있게 아침을 먹고 알람브라 궁전Palacio de la Alhambra으로 향했다. 등산하듯 걸어서 올라갈 수도 있지만, 알람브라에서 많이 걸을 테고 또 야간열차를 탔으니 체력을 모아두기로 했다.

알람브라는 '붉은 흙으로 지어진 요새'라는 뜻으로 그라나다 시내가 한눈에 내려다보이는 높은 언덕에 있다. 나스르 왕국 이전에 세워진 방어형 요새에서 유래됐단다. 나스르 왕국이 가장 번영하던 유수프 1세 때에는 왕과 왕족, 귀족을 포함해 2천여 명까지 살았다고 한다. 당연히 이들의 생활에 필요한 궁전, 사원, 시장, 주택 들이 들어서면서 알람브라는 단순한 왕의 궁전이 아닌 복합지구가 됐다.

알람브라는 무어인들이 781년간 이베리아 반도를 지배하면서 발전시킨 무데하르 양식의 정점을 볼 수 있는 곳이다. 가장 중심이 되는 나스르 궁전Palacios Nazaries, 요새인 알카사바Alcazaba, 스페인 왕이 나중에 만든 카를로스 5세 궁전Palacio de Carlos V, 유수프 3세Yusuf III의 궁과 정원이 있는 파르탈Partal, 별장으로 만든 헤네랄리페Generalife의 다섯 구역으로 크게 나눌 수 있다. 티켓에 쓰인 시간은 나스르 궁전의 입장시간이다. 시간을 놓치면 들어갈 수 없으므로 주변을 돌아보다 때맞춰 입구로 가면 된다.

관광청에서 추천하는 루트는 헤네랄리페-알카사바-카를로스 5세 궁전-나스르 궁전-파르탈순이거나 알카사바-카를로스 5세 궁전-나스르 궁전-파르탈-헤네랄리페순이다. 티켓을 보니 아직 여유가 있어 입구에서 가장 가까운 헤네랄리페 궁전으로 향했다.

헤네랄리페는 몸과 마음을 쉬게 하려고 무어 왕이 만든 별궁이란다. 나스르 궁전이 있는 주요구역과는 걸어서 겨우 10분 거리인데, 완전히 딴 세상 같다. 관광객의 홍수에서 완전히 벗어나 마치 고독의 섬에 온 것 같다. 그 높이가 달라서 궁전과 요새 지역을 내려다볼 수 있다.

헤네랄리페로 가려면 물과 나무로 꾸며진 긴 정원을 지나야 한다. 정원은 상부 정원과 하부 정원으로 나뉘는데, 걷기에는 상부 정원이 좋고, 나스르 궁전 둘레를 보려면 하부 정원이 좋다. 정원을 천천히 가로지르며 새소리와 물소리를 듣고 있자니 알람브라를 빨리 보고 싶다는 조바심이

헤네랄리페에서 바라본 나스르 왕궁

헤네랄리페로 가는 길은 물과 나무로 꾸며진 긴 정원으로 고즈넉한 분위기다.

어느새 사라지고 마음이 차분해진다. 관광지가 아닌 공원에 온 느낌이랄까. 무어 왕이 왜 이곳을 지었는지, 왜 정원을 이렇게 길게 만들었는지 그 까닭을 알 것 같았다.

헤네랄리페의 중심인 아세키아 파티오Patio de la Acequia는 고요함 속에 청명한 물소리만이 울려 퍼지는 곳이다. 파티오(스페인과 남아메리카의 건축에서 위쪽이 트인 건물 내 안뜰)의 분수는 물의 수압차이를 이용해 만든 분수다. 여기뿐만 아니라 알람브라 전역에서 쓰는 물은 근처 시에라네바다 산맥에서 관을 통해 끌어왔고, 물관은 상수관과 하수관으로 구분했으며, 궁 전역에 분수와 수로를 통해 식수를 공급했다고 한다. 이 분수가 천연 가습과 에어컨 역할까지 했다고 하니 무어인의 놀라운 기술에 혀를 내두를 정도다.

파티오를 지나 계단으로 올라가는데 신기한 것을 발견했다. 물 흐르는 소리가 나서 보니 계단 손잡이를 두껍게 만들고 그 가운데를 옴폭하게 파

서 물을 흐르게 해놓았다. 그 옛날, 로마인의 물 사랑이 대단했다지만, 아랍인의 물 사랑은 로마인보다 한 수 위인 것 같다. 반면, 중세시대 유럽인과는 대조적이다. 중세 유럽인에게 물은 곧 죽음과 재앙을 의미했다. 유럽인들은 물을 통해 병이 옮는다고 믿은 탓에 목욕을 자주 하면 죽는다고 생각했다. 그래서 1년에 한 번쯤 목욕할 정도였다니 얼마나 냄새가 심했을지 상상조차 하기 꺼려진다. 반면에 아랍인은 늘 물을 옆에 두고 살았다. 신을 만나러 가기 전에는 늘 물로 몸을 씻어

몸과 마음을 정갈히 했다. 물이 흐르는 계단을 지나 사이프러스 산책로를 따라 걸으면 다시 헤네랄리페 입구로 돌아온다.

이번에는 나스르 궁전이 있는 주요지역으로 향했다. 지역이 꽤 넓어서 금방 지치지 않도록 체력안배를 잘해야 했다. 가장 먼저 보이는 오른쪽 건물은 산 프란시스코 수도원Convento de San Francisco 으로, 지금은 파라도르 호텔로 쓰인다. 좀 더 걸어가자 아랍 목욕탕이 보인다. 작은 규모로 안에 들어가서 보니 천장에서 빛이 들어오게 둥근 구멍을 뚫어놓은 게 인상적이다. 바로 옆에는 17세기에 지어진 산타 마리아 교회Iglesia de Santa Maria가 있다. 그리고 이어지는 거대한 건축물은 카를로스 5세 궁전으로 겉에서 보면 사각형 건물이지만 안으로 들어가면 원형 경기장처럼 둥글어서 신기했다.

카를로스 5세는 왕이 되자 그라나다에 궁을 세우기로 하고 1526년부터 안쪽은 원형의 로마 스타일로, 바깥쪽은 사각형의 르네상스 스타일로 짓기 시작했다. 그러나 아직까지 미완성이다. 내가 보기에는 알람브라 안에서 가장 어울리지 않는 건물이라는 생각이 든다. 무어인을 쫓아내고 나서 나스르 궁전보다 더 아름다운 건물을 짓고 싶었던 게 아닐까? 하지만 솔직히 나스르 궁전과 비교돼도 너무 비교됐다.

이 건물 뒤로 돌아가면 알람브라의 중심인 나스르 궁전에 도착한다. 궁전으로 들어가기 전에, 미리 알카사바를 둘러보는 것이 좋다. 만약 나스르 궁전을 먼저 돌아본 다음 알카사바로 가려면 한참을 걸어야 한다. 나스르 궁전을 지나면 정원으로 연결되는 일방통행 길이라 다시 돌아올 수 없고 정원이 끝나는 곳은 들어온 입구와 가깝기 때문이다. 알카사바는 알람브라에서 가장 오래된 건물 가운데 하나로 군사요새와 주거지역, 목욕탕, 시장이 있던 자리다. 지금은 전망대와 터만 남아 있지만, 안내 화살표를 따라가면 쉽게 한 바퀴를 돌 수 있다. 성 안 가장 높은 곳에는 감시탑인 벨

겉에서 보면 사각형 건물이지만 안으로 들어가서 보면 원형 경기장처럼 둥근 카를로스 5세 궁전

라 탑Torre de la Vela이 있는데, 이곳에서 그라나다 시내를 한눈에 볼 수 있다.

드디어 나스르 궁전에 들어갈 시간이다. 그런데 티켓에 적힌 시간에만 들어갈 수 있으니 주의해야 한다. 나스르 궁전은 세 개의 궁으로 나뉜다. 제일 먼저 만나는 곳은 가장 오래된 메수아르 궁Palacio de Mexuar으로, 이스마일 1세Ismail I와 무하마드 5세Muhammed V가 세웠다. 왕의 집무실로 쓰이던 곳으로 아랍권 특유의 추상적인 조각이 인상적이다. 타일과 나무를 조각한 섬세한 세공기술이 놀랍지만, 벌써 놀라기에는 이르다. 앞으로 더 대단한 작품이 있으니 기대하시라.

메수아르 궁을 나와 작은 분수가 있는 메수아르 파티오Patio del Mexuar를 지나면 코마레스 궁Palacio de Comares이 시작된다. 코마레스 궁은 유수프 1세Yusuf I와 그의 아들인 무하마드 5세 때까지 계속 건설되었다. 궁은 아라야네스 파티오Patio de los Arrayanes를 가운데 두고 둘레에 여러 방으로 이루어진다. 파티오 가운데에는 물고기가 노니는 긴 연못이 있고 연못 둘레로는 잘 다듬어진 아라야네스 나무가 있다. 아라야네스는 향수나 로션, 약용으로 쓰이는 허브식물의 일종이다. 궁전 전체에는 대부분 이렇게 아름답고 좋은 향기를 내는 나무와 꽃들이 심어져 있다.

아라야네스 파티오를 지나면 코마레스 탑Torre de Comares 아래에 있는 대사의 방Salón de los Embajadores으로 들어간다. 대사의 방은 45m 탑 아래에 있는 방으로, 궁전에서 가장 큰 방이다. 천장은 알라만이 유일한 법이요, 힘이라는 메시지를 전하는 글자와 기하학 무늬로 꾸며져 있다. 알라에 관한 언급은 왕궁 전체에 추상적인 문양과 함께 새겨져 있다.

다음은 나스르 궁전 가운데 최고로 꼽히는, 무하마드 5세가 지은 사자의 궁Palacio de los Leones이다. 이전의 코마레스 궁과 비슷해 보이지만, 2층이나 다락 형태의 공간이 있는 게 좀 다르다. 가장 뛰어난 공간으로 칭송받는

알람브라에서 가장 오래된 건물 중 하나인 알카사바. 군사요새와 주거지역, 목욕탕, 시장이 있었다.

알카사바에서 바라보는 그라나다 시내의 모습

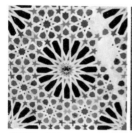

아랍인들 장식은 형상을 금기시한 아라비아 율법에 따라, 자연이나 글자에서 모티브를 따온 추상적인 문양이 특징이다.

사자의 파티오Patio de los Leones는 무어 양식과 스페인 양식의 혼용이 보여주는 정점이다. 분수는 열두 사자가 등에 지고 있는 모양인데, 이 분수에서 뿜어나온 물이 십자가 형태로 흘러가 각 방으로 이어진다. 사자 분수는 유대인들이 선물한 것으로, 시간마다 열두 사자 가운데 한 마리의 입에서 뿜어나오는 물로 시간을 알리는 물시계 기능을 한다.

이곳은 왕의 여자들이 머물던 장소로 왕을 제외한 남자들의 출입이 엄격히 금지되었다. 바로 하렘이다. 파티오 둘레는 정밀하게 세공된 124개의 대리석 기둥으로 둘러싸여 있으며, 기둥 위는 정교한 석회세공으로 조각돼 있는데 섬세한 조각기술은 가히 세계 최고라 할 만하다. 가장 인기 있는 곳은 단연 사자의 파티오에 있는 사자 분수다. 그러나 지금은 보수 중이라 복제품을 다른 방에 전시해두었다. 복제품이라도 가까이 가거나 촬영하면 안 된다며 철통경비다. 사자 분수는 올 여름에 보수를 마치고 제자리를 찾아가는데, 스페인 사람 모두 그날을 학수고대하고 있다. 올해 알람브라에 갈 여행자들은 좀 더 생생한 사자 분수를 볼 수 있을 것이다. 물시계도 제대로 작동한다면 더 바랄 게 없겠다.

사자의 파티오 둘레에는 왕의 방Sala de los Reyes, 아벤세라헤스의 방Sala de los

Abencerrajes, 두 자매의 방Sala de las Dos Hermanas이 있다. 아벤세라헤스의 방과 두 자매의 방을 보면 무어인들이 구축한 건축예술의 정점을 볼 수 있다. 두 방 모두 방 한가운데에서 물이 솟는 작은 분수가 있고, 천장은 인간의 손이 아닌 신의 손이 닿은 것 같다. 방으로 들어서자마자 입이 쩍 벌어진다. 무어인의 손길은 어쩌면 이리 섬세할까. 글로 다 나타내기에는 내 표현력이 한참 모자랄 만큼 아름답고 정교하다. 형상을 금기시한 아라비아 율법에 따라 자연이나 글에서 모티브를 따온 추상적인 문양이 천장과 벽을 화려하게 수놓고 있다. 특히 천장은 마치 수백만 마리의 벌들이 집을 지어 놓은 모양으로, 이런 조각이 무려 5천 개나 된다. 천장 주변에 난 창으로 빛이 들어오면 이들 조각에 빛이 산란되면서 좀처럼 맛볼 수 없는 신비로운 느낌을 준다. 그 아름다움에 취해 나는 바닥에 앉아 목이 아픈 것도 잊고서 천장을 하염없이 바라봤다. 두 방의 다른 점이 있다면 아벤세라헤스의 방 천장은 별 모양이고, 두 자매의 방은 팔각형 모양이라는 것이다. 아벤세라헤스의 방은 '비극의 방'으로도 부른다. 정치적인 탄압이냐 아니면 바람 핀 것에 대한 복수냐는 식으로 여러 설이 있지만, 분명한 것은 바로 이 방에서 아벤세라헤스 가문 사람들이 수십 명이나 죽었다는 것이다. 당시 피가 방 한가운데 분수에 고여 물길을 타고 왕궁 곳곳으로 퍼져 나갔다는 끔찍한 이야기가 전해진다. 두 자매의 방은 바닥에 쓰인 두 개의 대리석 모양과 크기가 같아서 그렇게 부르게 됐다고 한다. 두 방 모두 신의 손을 빌린 듯 빼어난 아름다움을 뽐낸다.

사자의 궁을 지나 파르탈Partal 구역으로 들어섰다. 이제 정원이 시작된다. 겨우 현실세계로 돌아온 것 같다. 다리에 힘이 쫙 풀린다. 다 봤구나 싶었는데, 이곳에도 작지만 그림 같은 유수프 3세의 궁전과 발코니가 있다. 발코니에서는 그라나다 시내가 한눈에 들어온다. 잠시 쉬었다 갈 만

나스르 궁전의 하이라이트로 손꼽는 사자의 파티오에 있는 사자 분수. 분수 역할을 하는 동시에 시계 역할을 하는 정교한 장치다.

두 자매의 방은 아벤세라헤스의 방과 함께 나스르 왕국 건축 예술의 정점을 볼 수 있다. 이들의 큰 차이점은, 두 자매의 방 천장은 팔각형 모양이고 아벤세라헤스의 방은 별 모양이라는 것이다.

한 벤치를 찾는데 어디선가 물소리가 들린다. 역시 계단 한쪽에 물길이 이어져 있다. 정말이지 아랍인과 물은 떼려야 뗄 수 없는 관계다. 물소리를 들으며 잠시 쉬었다 가야겠다.

그라나다 최고의 명소는 단연 알람브라다. 그러나 해 질 녘이 되면 굳건한 선두자리를 알바이신Albaicín 지구에 내주고 만다. 알바이신은 알람브라 궁전보다 낮은 언덕에 있지만 궁전 맞은편에 있는 까닭에 알람브라를 바라보기에는 더없이 좋은 곳이다. 알바이신은 주거지구로, 한때 이곳을 찾는 관광객들의 지갑을 터는 강도가 출몰해서 위험지구라는 딱지가 붙기도 했단다. 몇 년 전 이곳을 찾았을 때만 해도 나 역시 저물녘이면 조심하라는 말을 들었다. 그러나 지금은 분위기가 완전히 달라졌다. 가공할 만한 사람들의 긴 행렬이 알바이신으로 향한다. 행렬은 알바이신 언덕에 있는 산 니콜라스 성당Iglesia de San Nicolás 쪽으로 이어진다. 사실 충분히 걸을 만한 거리건만 아침부터 알람브라 궁전에서 시간을 보냈더니, 체력이 완전히 바닥나버렸다. 몇 년 전만 해도 팔팔하게 언덕을 올랐는데 이제는 하루가 다른 세월을 실감한다.

언덕을 오르내리는 귀여운 미니버스가 요리조리 골목길을 빠져나간다. 사람들 행렬 옆으로 닿을 듯 말듯, 운전기사의 솜씨가 가히 예술의 경지다. 장난감 같은 버스가 가파른 언덕을 기운차게 잘도 오르는 걸 보니 참 신기하다. 잠시 후, 우르르 내리는 사람들을 따라 나도 같이 내렸다. 10m쯤 걸으니 산 니콜라스 광장Plaza de San Nicolás이 어서 오라며 나를 안아준다.

광장에는 벌써 많은 사람이 자리를 잡고 있었다. 알람브라 궁전을 가장 가까이에서 볼 수 있는 난간은 벌써 자리가 다 찼다. 낭만적인 분위기를 즐기러 온 연인은 다정한 눈빛을 주고받고, 친구들끼리 온 이들은 들뜬 목소리로 수다를 떨면서도 눈길은 알람브라에 두고 있다. 드디어 다시 왔다. 알람브라 궁전을 돌아본 것보다 이곳에서 바라본 알람브라 궁전을 오래도록 잊을 수 없었다. 그리고 그곳에서 울려 퍼지던 구슬픈 노래 역시 한동안 스페인을 떠올리기에 충분했다.

해가 지기를 기다리는데 광장에 세 사람이 나타났다. 두 사람이 기타를 들고 있다. 기름을 잔뜩 발라 번쩍거리는 머리와 빨간 셔츠, 그리고 하얀 구두가 화려하다. 어디선가 본 듯 낯이 익어 자세히 보니 와하하! 예전에 이 자리에서 공연하던 바로 그 사람들이다. 똑같은 자리에서 또다시 만나게 될 줄이야! 그들은 당연히 나를 기억하지 못하겠지만, 나는 옛 친구라도 만난 듯 너무 반가웠다. 주머니 속에 2유로짜리 동전을 넣어둔다. 공연이 끝나면 감사의 표시로 줘야지. 드디어 연주가 시작됐다. 그때처럼 강렬하고 구슬픈 목소리가 광장을 가득 채운다. 사람들은 어깨를 들썩이고 손뼉으로 박자를 맞춘다. 그러는 사이 하늘은 점점 어두워간다. 하늘색에서 서서히 보랏빛으로, 다시 붉은빛으로 물들어간다. 그 하늘 아래에 자리한 알람브라 궁전 역시 그에 따라 붉게 물든다. 아름답다.

알람브라를 조망할 수 있는 알바이신 지구. 해질녘이 되면 관광객들이 하나둘 모여든다.

해질녘 알람브라 궁전의 모습. 하늘이 서서히 보랏빛으로, 다시 붉은빛으로 물들어간다.

가 보 기 ....

안달루시아의 주도로, 비행기, 기차, 버스, 페리로 갈 수 있다. 보통 기차 편을 많이 이용한다. 마드리드에서 4시간 30분, 발렌시아에서 7시간, 바르셀로나에서 10시간 40분 정도 걸린다. 근처인 말라가Málaga에서는 직행기차가 없고 다른 곳을 경유하기 때문에 시간이 많이 걸린다. 버스가 기차보다 빠르고 편수도 자주 있다. 2시간이 걸린다.

기차 www.renfe.com
버스 www.alsa.es
그라나다 관광청 www.turgranada.es

맛 보 기 ....

카페테리아 알람브라 Cafetería Alhambra
그라나다 최고의 추로스와 핫초코를 파는 곳이다. 같은 이름의 카페테리아가 많은데 이곳은 비브 람블라 광장Plaza Bib-Rambla 주변에 있다.
address Marqués de Gerona 9

카페테리아 바르 Cafetería Bar Aixa
그라나다의 바 대부분은 음료를 주문하면 타파스가 공짜다. 이곳은 그런 바 가운데 하나로 괜찮은 타파스를 먹을 수 있으며, 저렴하면서 맛있는 식사를 할 수 있다.
address Plaza Larga, 5
telephone 958 27 50 42

머 물 기 ....

기차역과 버스 터미널에서 구시가지까지는 꽤 먼 거리다. 짧은 기간 머문다면 기차역 가까이 있는 숙소에 머무는 것이 좋다.

파라도르 데 그라나다 Parador de Granada
파라도르 호텔의 체인, 알람브라 내에 있는 수녀원Convento del siglo XV을 개조해 만든 호텔이다.
addess Real de la Alhambra, s/n
telephone 958 22 14 40
url www.parador.es/es/parador-de-granada

오텔 사구안 델 다로 Hotel Zaguán Del Darro
16세기에 지어진 수도원을 개조한 작은 호텔이다. 알람브라가 보이는 구시가지에 있고 가격이 합리적이며 아름다운 안뜰이 있다.
address Hotel Zaguán Del Darro
telephone 958 21 57 30
url www.hotelzaguan.com

마쿠토 게스트하우스 Makuto Guestnouse

알바이신 지구에 있는 자유로운 분위기의 배낭 여행자 숙소. 언덕에 있지만 전망이 좋다.

address Calle Tiña 18

telephone 958 80 58 76

url www.makutoguesthouse.com

둘 러 보 기 ....

알람브라 궁전 Alhambra

나스르 왕국이 만든 왕궁과 요새 등으로 이루어진 방대한 복합지구다. 무어인들의 건축예술의 정점을 만끽할 수 있다. 성수기 때는 입장시간을 한참 기다려야 하므로 미리 표를 사두거나 인터넷으로 원하는 시간을 예약해두는 것이 좋다. 전 지역을 돌아보는 데 최소한 4시간이 넘게 걸리므로 40도에 가까운 뜨거운 태양 아래서 돌아다니기 싫다면 아침 일찍 방문하는 것이 좋다.

address Calle Virgen de la Paz, 15

telephone 952 87 15 39

url www.alhambra-patronato.es

추로스와 핫초코

새우가 들어간 타파스

예술가들이 극찬한 하늘의 성
론다
....
Ronda

시인 릴케(Rainer Maria Rilke)는 이렇게 말했다.

"나는 꿈의 도시를 찾아 헤맸다. 그러다 마침내 찾은 곳이 바로 론다다."

릴케는 론다가 품은 드라마틱한 협곡과 거칠디거친 자연환경에 최고의 찬사를 퍼부었다.

론다는 말라가에서 북서쪽으로 105km 떨어진 인구 4만의 작은 마을이다. 여러 산으로 둘러싸인 해발 723m의 암석 노두(露頭)(암석이나 지층이 흙으로 덮여 있지 않고 지표면에 그대로 드러난 곳) 위에 있는 독특한 마을로, 그 역사는 신석기 시대로 거슬러 올라간다. 고대에는 로마인, 713년 이후에는 아랍인의 삶의 터전이었다가 1485년 이사벨 여왕과 페르난도 2세의 레콘키스타 이후 스페인 땅이 되었다.

론다에 흥미를 느낀 건 순전히 헤밍웨이(Ernest Miller Hemingway) 때문이다. 헤밍웨이는 1932년에 쓴 〈오후의 죽음(Death in the Afternoon)〉에서 론다에 관해 이렇게 말했다.

"만약 허니문이나 애인과의 도주가 론다에서 성공할 수 없다면, 파리에 가서 친구를 사귀는 것이 낫다."

론다가 얼마나 로맨틱하기에 헤밍웨이는 이런 말을 했을까. 론다에 열렬한 찬사를 퍼부은 릴케야 평생 유럽 대륙을 벗어나지 못했지만, 헤밍웨이는 자신이 태어난 아메리카 대륙을 비롯해 아프리카, 아시아까지 섭렵한 모험가 가운데 모험가였으니 왠지 그의 말은 100% 진실일 것 같다.

마침 다른 지역보다 호텔 비용이 굉장히 싼 편이라 나는 며칠간 론다에 머물기로 했다. 먼저 관광 안내소를 찾았다. 직원은 지도를 내밀며 론다의 명소를 돌아보는 루트를 상세히 안내해준다. 절벽지형의 아름다움을 제대로 만끽할 수 있는 뷰포인트까지 지도에 표시해줬다. 관광 안내소를 나와 선크림을 덧바르고 챙이 넓은 모자를 깊게 눌러쓴다. 경기 직전 출발선에 선 달리기 선수처럼 자세를 가다듬고 깊게 심호흡한다. 자, 이제 셀프투어를 시작해보자.

나는 그늘 한 점 없는 뜨거운 태양 아래로 씩씩하게 걸어나갔다. 햇빛이 닿은 팔이 금세 뜨거워진다. 관광 안내소 앞 광장에는 우람한 수소의 동상이 서 있다. 평화로운 표정이지만, 호전적인 자세로 곧바로 투우사를 향해 돌진할 기세다. 그 옆에는 작은 규모의 원형 경기장이 있다. 스페인에서 현재 투우가 열리는 곳 가운데 가장 오래된 근대 투우장이란다. 1785년에 완공되자 론다의 유명한 투우사인 프란시스코 로메로의 손자 페드로 로메로^{Pedro Romero}가 그 시작을 알렸다고 한다.

투우^{Corrida de Toros}를 이야기하자면 프란시스코 로메로^{Francisco Romero}를 빼놓을 수 없다. 스페인에는 18세기부터 로메로처럼 전문적인 직업 투우사가 생겨났다. 옛날에는 투우가 왕과 귀족들이 말 위에서 창과 칼로 소를 죽이는 유희였다면, 직업 투우사가 등장한 이후에는 일반대중이 관람하는 경기로 그 범위가 넓어졌다. 말 위에서 펼쳐지던 경기가 땅으로 내려와, 소와 인간이 수평으로 눈을 맞추며 싸우게 됐다고나 할까. 프란시스코 로메로는 1726년 최초로 물레타^{Muleta}라 부르는 붉은 망토를 써서 땅에서 투우

투우장 주변에는 호전적인 자세로 돌진하는 투우소와 론다 투우장에서 활약한 투우사의 동상이 전시되어 있다.

를 벌인 사람이다. 오늘날 투우 경기에 적용하는 주요규칙은 이 로메로가 만들었다고 해도 과언이 아니란다. 로메로는 곧 근대 투우의 시작을 의미한다.

프란시스코 로메로의 손자인 프란시스코 페드로 역시 투우계의 전설적인 인물이다. 평생 6,000여 마리의 소를 죽였는데(세상에!) 단 한 번도 상처를 입은 적이 없단다. 그는 1830년 세비야에 투우 학교를 설립했다.

'투우' 하면 헤밍웨이 또한 빼놓을 수 없다. 헤밍웨이는 24살 때 스페인 여행에서 처음 투우를 대했는데, 이후 거의 해마다 스페인을 찾았다. 그가 좋아한 곳은 스페인 북부의 팜플로나Pamplona와 론다였다. 주로 오슨 웰스Orson Welles와 함께 론다를 찾았는데, 둘 다 투우에 매료되어 그에 영감을 얻어 작품에 반영하기도 했다. 헤밍웨이의 소설에는 종종 투우가 등장한다. 〈오후의 죽음〉은 실제 투우를 주제로 한 논픽션 소설로 투우와 관련한 중요한 문학작품 가운데 하나다.

알다시피 투우는 굉장히 잔인한 경기로, 일종의 퍼포먼스라 할 수 있다. 멀쩡한 소를 극도로 흥분하게 한 후, 칼과 창으로 야금야금 찌르며 즐기다가 마지막에 가서는 마타도르Matador(하이라이트에 등장하는 투우사)가 숨통을 끊어 놓는다. 종종 겁에 질려 흥분하지 않은 소는 엄청난 야유를 받으며 퇴장할 때도 있다. 인간에게 끝까지 덤비는 소는 죽임을 당하고, 겁에 질려 도망가는 소는 살아남는다. 솔직히 무섭고 소름 끼친다. 인간에게 덤비면 결국 죽음뿐이라는, 인간은 우월한 존재라는 오만함에 가득 찬 이 섬뜩한 교훈을 과연 소들은 어떻게 받아들일까. 헤밍웨이는 자신의 운명을 선택할 수 없는 비극적인 존재로 소를 바라봤다. 동시에 소의 운명처럼 우리 인간의 삶과 죽음을 같은 선상에 놓고 고찰했다. 그러고 보면 소나 인간이나 죽음 앞에서는 선택의 여지가 없는, 똑같은 존재이지 않은가.

투우광인 사람들은 소를 죽일 때 절정의 흥분을 느끼지만, 호기심에 투우장을 찾은 관광객들은 끝까지 자리를 지키기 힘든 때가 많다. 이 때문에 동물 애호가들의 시위는 여전히 계속된다. 반면에 투우 애호가들의 견해는 다르다. 1년 동안 좁은 우리에 갇혀 고기용으로 사육돼 팔리는 소와 4년 동안 풀밭에서 자유롭게 키워지다 단 20분간의 고통 속에서 죽어가는 소 중 과연 어느 소가 더 잔인한 대우를 받느냐고 묻는다. 그들의 말에 일리가 없는 건 아니다. 그러나 고기용 소 역시 먹기 위해 죽이더라도 건강하게 자랄 수 있는 환경과 인도적인 죽음을 보장해주는 방향으로 가야하는 것이지 이는 비교의 차원이 아니다. 4년 동안 좋은 환경에서 자랐다고 인간이 20분 동안 잔인하게 죽일 권리는 없다.

투우 반대운동의 결과, 카탈루냐 지방에서는 소를 죽이는 투우가 금지됐다. 그러나 팜플로나나 마드리드 주변, 안달루시아 지방에서는 아직도 옛날 방식 그대로 투우가 열린다.

투우장을 돌아보는데 남녀 관광객이 텅 빈 투우장에서 투우 흉내를 내며 놀고 있다. 남자는 소를, 여자는 능수능란한 투우사를 흉내 낸다. 먼지를 흩날리며 뛰어오던 남자는 여자의 웃음소리에 더 실감나게 흥분한 소를 연기한다. 문득 어렸을 때 남동생과 함께하던 투우 놀이가 떠오른다. 그때는 아무도 죽거나 다치지 않아도 즐겁기만 했다. 그런데 어른이 되고 나니 세상은 잔인한 것들로 가득하다. 인간의 여흥을 위해 동물을 죽여서는 안 된다는 생각이 든다.

투우장 맞은편 절벽 부근에는 작은 공원이 하나 있다. 공원 끝은 낭떠러지다. 그리고 공원 끝머리에는 절벽에서 1m쯤 돌출되게 만든 작은 테라스가 있다. 아래로 무너져 내릴 염려는 없겠지만, 아찔해 보인다. 멋진 전망을 보려면 용기를 내야 했다. 테라스 끝으로 가는 길은 고작 몇 발짝

밖에 안 됐지만, 다리가 후들후들거린다. 덜덜 떨리는 손으로 테라스 끝의 난간을 잡자 론다의 그림 같은 전경이 펼쳐지면서 내 눈을 감동하게 한다.

아, 이래서 릴케가 그토록 찬사를 퍼부었구나. 마치 〈천공의 성 라퓨타(미야자키 하야오가 1986년에 만든 애니메이션)〉처럼 공중에 떠 있는 느낌이다. 발아래에는 강렬한 태양에 맞서 거친 자연이 꿈틀대고 있다. 그 속에서 트래킹을 하는 사람들은 개미처럼 작고 또 느리게 움직인다. 위대한 자연과 비교하면 인간은 얼마나 작은 존재인가! 그들은 차도 자전거도 아닌 순수한 육체로 한 걸음 한 걸음씩 발을 내딛는다. 거대한 자연 속에서 자연과 하나가 된 그 모습에 마음이 뭉클해진다.

이번에는 공원에서 구시가지 방향으로 난 절벽을 따라 걸었다. 스페인 정부에서 운영하는 파라도르 호텔$^{Parador\ de\ Ronda}$을 지나는데 헤밍웨이의 얼굴이 들어간 타일 표지를 발견했다. 파세오 데 어니스트 헤밍웨이$^{Paseo\ de\ E.}$ ^{Hemingway}, 헤밍웨이의 이름을 딴 산책로다. 산책로라 해봤자 파라도르 호텔 건물과 절벽 사이의 1m 남짓한 공간이다. 왼쪽은 호텔 건물 벽 일부와 카페테라스가 있고, 오른쪽은 철로 된 난간 아래 낭떠러지가 보인다. 이런 곳에 좁은 산책로를 만들어 헤밍웨이 이름을 붙이다니, 헤밍웨이는 벌써 하늘나라로 갔지만, 이렇게 좋은 자리에서 멋진 전망을 영원히 감상하고 있을 것만 같다.

론다는 크게 두 구역으로 나눈다. 옛날 아랍인이 살던 구시가지인 라 시우다드$^{La\ Ciudad}$와 투우장이 있는 신시가지인 엘 메르카디요$^{El\ Mercadillo}$가 그것이다. 이 두 마을은 150m 깊이의 타호^{Tajo} 협곡을 사이에 두고 있다. 두 곳을 잇는 다리라면 11~16세기에 만들어진 비에호 다리$^{Puente\ Viejo\ 또는\ Puente}$

투우장 맞은편의 작은 공원에는 절벽에서 1m쯤 돌출되게 만든 작은 테라스가 있다. 이곳에서 바라보는 전경은 마치 〈천공의 성 라퓨타〉를 떠오르게 한다.

플라사 델 소코로Plaza del Socorro 주변에는 레스토랑과 바가 몰려 있다.

Árabe가 있었지만, 엎어지면 코 닿는 이웃마을에 갈 때조차 한참을 돌아가야 해서 아주 불편했다. 이 문제를 해결하고자 아이디어를 낸 사람이 당시 왕인 필립 5세였다. 필립 5세는 직경 35m의 아치형 다리를 생각했다. 그러고는 야심 차게 공사를 시작했지만, 8개월 뒤 50여 명의 사상자를 내며 다리는 무너져버렸다.

그 후 몇 년이 지나 새로운 공사가 시작됐다. 이번에는 안달루시아의 건축가인 호세 마르틴José Martin이 앞장섰는데, 그는 깊은 골짜기 아래쪽부터 단단히 돌을 쌓아올렸다. 시간이 오래 걸렸지만 적어도 무너질 염려는 없었다. 1751년에 공사가 시작되어 1793년에 완공했으니 무려 42년이 걸린 셈이다. 길이 120m, 높이 98m로 마치 거대한 댐처럼 견고해 보이는 누에보 다리Puente Nuevo. 지금 누에보 다리는 론다에서 가장 유명한 곳이다.

사진으로만 보던 다리를 실제로 보니 정말 놀라웠다. 숫자에 불과한 협곡의 높이를 체감하니 현기증이 날 지경이다. 아래쪽에서 보면 더 실감난다. 현재 누에보 다리는 마을의 소통과 경제발전에 크게 이바지하고 있다. 하지만 지난날에는 부정적인 장소로 쓰이기도 했다. 스페인 내전 때는 죄수를 가두는 감옥이었고, 적을 처형하는 곳이었다. 처형방법은 간단했다. 협곡으로 던지면 끝! 당시 공화파와 프랑코파가 번갈아가며 마을을 점령했을 때, 적을 실컷 때린 뒤 협곡으로 던져버렸다고 한다. 헤밍웨이는 이 사건을 〈누구를 위하여 종은 울리나〉에서 언급한다. 지금은 관광객의 사랑을 한몸에 받는 멋진 다리로 탈바꿈했지만, 누에보 다리는 이렇게 끔찍한 과거의 아픔과 슬픔을 간직한 채 과거와 현재를 잇고 있다.

누에보 다리 주변에서 바라본 구시가지 전경에 반한 나머지 연신 셔터를 눌러댔더니 시간 가는 줄 몰랐다. 한참 만에야 구시가지로 들어섰는데 새하얀 건물들이 앙증맞게 늘어서서 나를 맞는다. 그런데 뜨거운 태양 아

Ronda 161

래 잠시 걸었을 뿐인데 기운이 다 빠져서 만사가 귀찮고 그저 쉬고만 싶다. 나는 구시가지 중심가의 산타 마리아 성당 뒤편에 있는 골목길로 향했다. 관광객들이 담벼락에 드리운 그늘을 따라 걷고 있었다. 모두 똑같이 검은 선글라스를 끼고 한 줄로 걷는 모습이 영락없는 개미 같다. 나도 모르게 풋 하고 웃음이 터졌다. 현지인들은 시에스타로 편안히 쉬고 있는데, 관광객들만 이글거리는 태양 아래 온몸을 내놓고 용감하게(?) 돌아다니는구나.

돌아가는 길에 작은 팻말 하나를 보았다. 카사 돈 보스코^{Casa Don Bosco}, 돈 보스코의 집이라. 문이 열려 있길래 슬쩍 안을 들여다봤다. 형형색색의 꽃과 잘 가꿔진 화초들이 보기 좋게 정리돼 있다. 낡은 문 너머로 보이는 파티오에 이끌려 나도 모르게 발을 들여놓았다.

20세기에 지어진 이곳은 그라나디노스^{Granadinos} 가족의 소유인데, 살레시오 수도회에서 활동하던 늙고 병든 신부님들을 위해 안식처로 제공된 곳이란다. 집 안은 단단한 호두나무로 만든 가구들로 꾸며져 있었다. 거실 유리창 너머로 보이는 드라마틱한 풍경에 서둘러 정원으로 나갔다. 역시 압권은 정원이다. 가톨릭 문화와 이슬람 문화가 묘하게 융합된, 꿈 같은 정원이 눈앞에 펼쳐졌다. 작지만 우아하고 기품이 넘쳐흐르는 정원은 무어 양식의 타일과 아름다운 꽃으로 둘러싸여 있다. 정원은 정원인 동시에 발코니가 되어 700m 아래의 드넓은 평원을 바라본다. 굉장했다. 그야말로 하늘 위 공중정원이다.

물론 멋진 전망을 자랑하는 공중정원은 다른 나라에도 있다. 프랑스 니스 근처, 지중해의 발코니라 부르는 에즈^{Èze}에도 공중정원이 있다. 에즈의 정원은 지중해 앞에 뾰족하게 솟아오른 산꼭대기에 있는데, 정원 자체가 발코니가 되어 코발트와 에메랄드 빛을 넘나드는 아름다운 지중해를 드넓게 바라볼 수 있다. 그러나 에즈가 공원형식의 정원이라면, 이곳은 집에 딸린 정원이지 않은가! 이 집에 살던 사람들은 아침에 눈을 뜨자마자 세수도 안 하고 눈곱도 안 뗀 채로 이런 풍경을 날마다 봤을 테니 얼마나 행복했을까. 평생 봉사활동을 하며 살아온 늙고 병든 신부님들의 마지막 안식처가 이곳이라니. 신부님들은 이미 천국에서 살고 계신지 모른다.

걷느라 지쳐 있던 몸에 금세 기운이 도는 것 같다. 문득 나도 릴케처럼 이렇게 말하고 싶어진다.

"나는 아름다운 정원을 찾아 세상을 헤맸다. 그러다 마침내 발견한 곳이 바로 론다의 하늘 정원이다."

돈 보스코의 집과 정원은 가톨릭 문화와 이슬람 문화가 묘하게 융합된 아름다운 정원이다.

돈 보스코의 정원에서 바라보는 전망은 넋을 잃게 만든다.

론다의 구시가지에서는 투우와 관련된 티셔츠, 가죽 공예품, 타일 액자 등 각종 토산품을 살 수 있다.

가 보기 ....

론다는 기차와 버스를 타고 갈 수 있다. 로스 아마리요스Los Amarillos 버스로 말라가에서 1시간 45분, 세비야에서 2시간이 걸린다. 기차는 마드리드에서 3시간 45분, 알헤시라스Algeciras에서 1시간 25분 정도 걸린다. 기차보다 버스가 저렴하고 운행 편수도 많다.

론다 관광청 www.turismoderonda.es

맛 보기 ....

페드로 로메로 Pedro Romero

투우 경기가 있는 날, 마타도르에게 죽임을 당한 소의 꼬리를 요리해서 파는 식당이다. 쇠꼬리 요리 외에 론다 전통음식도 맛볼 수 있다.

address Calle Virgen de la Paz, 18
telephone 952 87 11 10
url www.rpedroromero.com

머 물기 ....

파라도르 데 론다 Parador De Ronda

파라도르 호텔 체인으로 론다의 장관을 볼 수 있다.

address Plaza España, S/N
telephone 952 87 75 00
url www.parador.es/es/parador-de-ronda

오텔 아룬다 세군도 Hotel Arunda II

론다 주변을 돌아보려면 버스 터미널 가까이에 머무는 게 좋다. 터미널 근처에 위치한 호텔로 가격이 저렴한 편이다.

address Jose María Castello Madrid 10
telephone 952 87 25 19
url www.hotelesarunda.com

둘 러 보 기 ....

론다 투우장 Plaza de Toros de Ronda

근대 투우가 시작된 역사적인 곳으로, 스페인에서 가장 오래된 투우장 가운데 하나다. 해마다 9월 초 페드로 로메로를 기리는 성대한 축제가 이곳에서 열린다.

address Calle Virgen de la Paz, 15
telephone 952 87 15 39
url www.rmcr.org

안달루시아의 하얀 마을

세테닐, 아크로스 데 라 프론테라

Setenil, Acros de la Frontera

안달루시아의 카디스^{Cádiz} 주에는 마을 전체가 온통 흰색으로 칠해진 마을이 여럿 있다. 황량한 벌판에 우뚝 솟은 절벽, 그 절벽 위에 자리한 하얀 마을은 수많은 여행자의 감탄을 자아낸다. 여러 하얀 마을을 함께 묶어서 돌아보는 루트가 있는데 이름하여 '하얀 마을 루트^{Ruta de los Pueblos Blancos}'다.

하얀 마을을 소개한 브로슈어의 사진은 나를 이리로 이끌 만큼 충분히 아름다웠다. 이 루트에 대한 기대로 솔직히 난 여행 전부터 들떠 있었다. 그런데 막상 안달루시아에 도착해보니 스페인에서 준비한 루트들은 죄다 자동차 여행객을 위한 것뿐이었다. 나 같은 뚜벅이 관광객이 하얀 마을을 꼼꼼히 돌아볼 방법은 거의 없었다. 교통편이 많지 않기 때문이다. 그렇다고 포기할 수는 없지. 나는 궁여지책으로 마을 중에서 몇몇 곳을 골라 돌아보기로 했다. 버스가 없는 곳이 많고, 있더라도 하루에 적게는 2편, 많게는 4~5편 정도뿐이니 버스 시간을 미리 잘 확인해둬야 했다. 그래야 낭패를 면할 수 있다.

하얀 마을 루트에 해당하는 주요마을은 아크로스 데 라 프론테라를 시작으로 보르노스^{Bornos}, 비야마르틴^{Villamartin}, 프라도 델 헤이^{Prado del Rey}, 엘 보스케^{El Bosque}, 베나오카스^{Benaocaz}, 가죽 수공예품으로 유명한 우브리케^{Ubrique}, 비야루엔가 델 로사리오^{Villaluenga del Rosario}, 그라살레마^{Grazalema}, 전나무 숲으로 유

명한 사아라 데 라 시에라Zahara de la Sierra, 알고도날레스Algodonales, 올베라Olvera, 그리고 독특한 바위산 아래의 주거형태를 보여주는 세테닐 데 라스 보데 가스Setenil de las Bodegas(이하 세테닐)로 이어진다. 론다는 카디스 주의 하얀 마을 루트에는 들어가지 않지만, 세테닐 다음의 종착지로 루트를 짜면 편리하 다. 이들 마을 중 특히 아름답다는 세테닐과 아크로스 데 라 프론테라가 나를 기다리고 있다.

독특한 바위 밑 주택가, 세테닐

론다에서 떠난 버스는 중간중간 작은 마을에 들렀다. 하얀 마을은 서로 꽤 멀리 떨어져 있는 줄 알았는데, 버스가 들르는 마을마다 모두 흰색이 다. 황량한 들판에 떠 있는 섬처럼 절벽이 융기돼 있는데, 그 절벽 위에 하얀 마을이 있다는 게 신기하고 놀라웠다. 마치 황토색 바다에 떠 있는 흰색 섬에 배를 타고 들르는 느낌이다.

세테닐에 거의 다 왔나 보다. 버스는 아름다운 전경을 뒤로 하고 언덕 을 오르기 시작한다. 과연 언제 내려야 마을을 제대로 둘러볼 수 있을까 고민하는데, 만화 속 등장인물처럼 수염이 북슬북슬한 할아버지가 말을 건넨다. 세테닐의 가장 아름다운 전경을 보려면 자기랑 같이 내리면 된단 다. 웃는 모습이 정말로 인자하신 할아버지다. 할아버지랑 같이 내린 곳 은 언덕의 중턱인데, 그 말이 정말 틀리지 않았다. 세테닐의 아름다움이 내 눈앞으로 성큼성큼 다가왔다. 좁은 강을 따라 구비구비 이어지는 바위 언덕 아래 새하얀 집들이 다닥다닥 붙어 있다.

그것을 보니 로마 시대 때부터 지던 특이한 형태의 가옥이 떠올랐다. 고대의 카파토키아에는 기독교인들이 이슬람교도의 탄압을 피해 바위에

만화 속 등장인물 같은 수염이 북슬북슬한 할아버지가 말했다. "이곳에서 바라보는 세테닐이 가장 아름답지요."라고……

동굴을 파고 생활하던 거대한 규모의 지하 동굴집이 있다. 그런데 세테닐은 그와는 정반대 마을이다. 기독교인들은 무어인이 점령한 땅을 탈환하려고 무려 7번이나 공격을 시도했지만, 번번이 실패했단다. 이 때문에 마을은 라틴어로 'Septem nihil(7번이나 공격했지만 탈환하지 못했다는 뜻)'로 불렸고, 그 뒤 이것이 세테닐의 공식이름이 되었다.

신기한 모양의 바위산은 버섯처럼 허리가 쏙 들어가 있는데, 그 자리에 수십 채의 집이 치아 모양으로 빈틈없이 들어가 있다. 그 어디에서도 본 적 없는 주거양식이다. 왠지 안달루시아의 뜨거운 태양을 피하기에 좋고, 또 여름에는 서늘하고 겨울에는 따뜻한 장점이 있을 것 같다.

언덕에서 사진을 찍으며 세테닐의 중심부로 향했다. 지도도 없고, 길을 물어볼 사람도 없으니 미로처럼 복잡한 골목길을 순전히 내 방향감각만 믿으며 휘젓고 다닌다. 지도 없는 마을 구경이라, 나는 오랜만에 이 골목 저 골목 헤매는 즐거움을 만끽한다. 흐드러지게 핀 꽃도 보고, 흰 벽의 그래피티도 감상하고, 누군가 널어놓은 슬리퍼도 구경하고, 빨래집게로 앙증맞게 집힌 아기 옷도 훔쳐본다.

마을구경이 생각보다 길어졌다. 나는 버스 한 편을 보내고 론다로 가는 마지막 버스를 타기로 했다. 그러자 마음이 더 편안해진다. 모처럼 여유로운 마을 나들이 덕분에 더없이 즐겁고 평온한 오후다.

아크로스 데 라 프론테라

아크로스 데 라 프론테라는 론다에서 헤레스 데 라 프론테라로 가는 중간
에 있는 마을로, 하얀 마을 루트의 출발지이기도 하다. 이 마을은 11세기
부터 무어인의 터전이었는데, 13세기에 카스티야의 알폰소 10세Alfonso X가
무어인을 몰아내면서, 무어인과의 경계를 짓는 지점이 됐다. '아크로스
데 라 프론테라'는 최전방에 있는 마을이라는 뜻이다. 이름을 짓는 데 에
둘러 말하지 않는다.

론다를 떠나 한 시간 반 정도 지나자 거대한 아크로스 데 라 프론테라
가 모습을 드러냈다. 마치 사막을 항해하는 하얀 범선 같기도 하고, 들판
에 세워진 노아의 방주 같기도 하다. 근사한 모습에 심장이 두근거린다.
이곳에서 하룻밤 묵기로 하길 잘했다는 생각이 든다.

버스 정류장에서 내려 가파른 언덕길을 오른다. 사람들에게 추천받은
호텔에 짐을 풀고, 사진으로 본 멋진 전망을 찾아 길을 나선다. 마을이 오
르막의 연속이다. 오르고 오르고 또 오른다. 이렇게 심한 경사에도 집들
이 서로 꼭 붙들고 있다는 게 신기했다. 집 안으로 들어가면 기울어진 집
에서 사람들이 모두 기우뚱하게 왔다 갔다 하는 건 아닐까? 생각만 해도
재밌다.

관광 안내소에서 형편없는 지도를 팔고 있었지만, 기념으로 한 장 사기로 했다. 직원에게 지도에 뷰포인트를 체크해 달라고 한 다음 한 바퀴 돌아볼 작정이다.

언덕을 다 오르자 구시가지가 나타났다. 뷰포인트까지는 아직 멀었는데 이번에는 내리막길이 시작됐다. 내리막에 또 내리막, 또 내리막. 나중에 다시 올라갈 일이 슬슬 걱정되기 시작한다. 아이들이 경사가 심한 좁은 골목에서 공놀이를 한다. 저러다 하염없이 공이 굴러가면 언덕 아래까지 달려야 할 텐데……. 그런데 아이들은 걱정 없는 얼굴이다. 하지만 내 걱정은 곧 현실이 됐다. 위쪽에서 뻥 찬 공을 아래쪽에 있던 아이가 잡지 못한 것이다. 공이 내 쪽으로 굴러 왔다. 잡아줘야 한다! 재빨리 발을 놀려 아슬아슬하게 공을 잡았다. 달려온 아이에게 공을 건네는데, 아이는 숨을 몰아쉬면서도 얼굴은 해맑게 웃고 있다. 아이들은 어디서든 즐겁고 행복한 기운을 몰고 다닌다.

한참을 내려가다 드디어 뷰포인트로 표시된 곳에 다다랐다. 그런데 기대에 못 미친다. 버스를 타고 오면서 보았던 아크로스 데 라 프론테라의 모습이 훨씬 더 멋지다. 쓸쓸한 마음에 전망대에 잠시 앉았다가 다시 왔던 길로 돌아섰다. 지도에 표시된 또 다른 뷰포인트로 가봐야겠다. 옳거니, 광장이름이 '아크로스 전망대 발코니Balcón de Acros Mirador'라니 이곳이 최고 전망을 자랑할지 누가 알겠어? 다시 오르막이 시작된다. 공놀이하던 아이들을 지나 언덕을 오른다. 숨을 헐떡거릴 때쯤 구시가지가 나타나더니 곧 뷰포인트가 있는 광장에 도착했다. 성당이 있고 성당 앞 광장은 주차장이다. 마치 일요일 날, 교회 옆에 있는 탓에 교회 주차장으로 쓰이는 초등학교에 온 느낌이다.

가장 좋은 전망을 볼 수 있다는 발코니에 섰다. 헉, 이런 전망을 기대하

아크로스 데 라 프론테라는 경사가 심하다. 새하얀 집들은 경사진 언덕에 다닥다닥 붙어
지어져 있다.

고 온 게 아닌데……. 아름다운 광경이 보일락 말락 한 곳에 떡 하니 밉살스러운 건물 하나가 가로막고 있다. 통유리로 된 곳이 있는 걸 보니 그 건물 안에서는 전망이 최고일 테지. 저런 건물을 왜 하필 저런 데다 지었을까? 맘이 상해서 혼자 투덜거리며 호텔로 돌아가려는데 건물의 간판이 눈에 들어온다.

'Parador Acros de la Frontera'

관공서인 줄 알았더니 유명한 파라도르 호텔이다! 스페인 전역에는 93개의 파라도르 호텔이 있다. 성이나 궁전, 요새, 수도원 같은 역사적 건물을 스페인 전통 스타일로 꾸며 나라에서 운영하는 국영호텔이다. 무엇보다 그 마을에서 최고 전망을 자랑하는 곳에 위치한다는 공통된 특징이 있다. 정말 명당자리가 따로 없다. 그래도 론다는 최고의 전망을 일반 관광객들과 함께 공유하는 산책로라도 만들어놨는데, 여기는 국영호텔이 독차지하고 있으니 너무하다. 그냥 지나쳐가려는데 좀처럼 발이 안 떨어진다. 그래, 여기까지 와서 헛걸음이라니! 나는 다시 발걸음을 돌리며 중얼거렸다.

'좋아, 내가 돈 내고 구경한다.'

드디어 건물 안으로 들어갔다. 한산한 로비를 지나 유리창 너머로 보이는 테라스로 걸어갔다. 두 개의 테이블에 연인들이 와인 잔을 기울이며 도란도란 이야기를 나눈다. 나도 한 테이블을 차지했다. 레모네이드 한 잔을 주문하고 곧바로 테라스 끝으로 향했다. 아크로스 데 라 프론테라의 아름다운 전경이 막힘없이 들어온다. 절벽 위, 언덕 너머 새하얗게 칠해진 수천여 개의 집이 오밀조밀하게 모여 장관을 이룬다. 절벽 아래로 황량한 들판이 펼쳐지고, 과달레테Guadalete 강은 유유히 흐르고 있다. 못 봤으면 후회할 뻔했다.

어느덧 해가 저물고 있다. 선선한 바람이 불어온다. 어디선가 나타난 제비 떼가 삐 소리를 내며 재빠르게 날아간다. 웨이트리스의 손에 들려온 상큼한 레몬이 든 아이스티가 테이블 위에 사뿐히 내려앉는다. 나도 여기서 잠시 쉬었다 가야겠다.

가보기 ....

세테닐 데 라스 보데가스 Setenil de las Bodegas

세테닐은 론다에서 30km 정도 떨어져 있다. 버스로 40분이 걸린다. 버스 편이 자주 있지 않으니 관광 안내소에서 버스 시간표를 받아 여행계획을 짜는 것이 좋다. 론다에 머물며 당일치기로 다녀와도 좋다.
관광청 turismo.setenil.com

아크로스 데 라 프론테라 Arcos de la Frontera

헤레스 데 라 프론테라와 론다 중간에 있다. 두 곳에서 모두 1시간 30분이 걸린다. 세비야에서도 갈 수 있는데 역시 1시간 30분 정도 걸린다.
관광청 www.arcosdelafrontera.es

하얀 마을 루트 관련 관광청 www.guiadecadiz.com

머물기 ....

카사 엘 팔라세테 Casa El Palacete [세테닐]

세테닐에 있는 몇 안 되는 숙소 가운데 하나로, 주방이 딸린 방을 제공한다.
address C/ Reyes Catolicos nº 14
telephone 635 02 74 44

오텔 로스 올리보스 Hotel Los Olivos [아크로스 데 라 프론테라]

비용이 그리 비싸지 않으면서 경치가 아름다운 호텔이다.
address C/ Paseo Boliches, 30
telephone 956 70 08 11
url www.hotel-losolivos.es

파라도르 아크로스 데 라 프론테라 Parador Arcos De La Frontera [아크로스 데 라 프론테라]

파라도르 체인 호텔로 테라스에서 최고의 전망을 감상할 수 있다.
address Plaza Cabildo, S/N
telephone 956 70 05 00
url www.paradores-spain.com/spain/pafrontera.html

오텔 로스 올리보스

세테닐의 절벽 식당

플라멩코보다 셰리주

헤레스 데 라 프론테라

Jerez de la Frontera

헤레스 데 라 프론테라는 플라멩코의 고향이다. 해마다 2월 말이면 보름 동안 헤레스 플라멩코 축제Festival Flamenco de Jerez가 열린다. 세계 곳곳에서 플라멩코 팀들이 몰려와 경연을 펼치고, 관광객들은 정열의 춤과 음악을 만끽한다. 플라멩코 축제를 즐길 수 있으면 좋으련만, 내가 헤레스를 방문한 때는 안타깝게 6월이었다. 아쉬운 마음에 플라멩코 박물관이라도 들러야겠다 싶어 관광 안내소를 찾았다. 그런데 영어를 전혀 못하는 직원이 기다리고 있다. 이럴 때 진가를 발휘하는 나의 서바이벌 스페인어 실력.

"플라멩코 박물관은 어디에 있나요?"

직원은 지도를 한 장 꺼내 안달루시아 플라멩코 센터Centro Andaluz de Flamenco를 말하는 거냐며 표시해준다. 그러면서 의아한 표정으로 왜 플라멩코 박물관에 가느냐고 묻는다. 헤레스는 플라멩코로 유명한 도시가 아니냐고 대답했더니, 플라멩코는 공연으로 보는 거지 박물관에서는 제대로 느낄 수 없단다. 현답賢答이다. 열정의 플라멩코를 박물관에서 온전히 느낄 리 만무하다. 직원이 말하길, 헤레스에서 가장 유명한 것은 보데가Bodega(술 공장)란다. '티오 페페Tio Pepe'라는 말을 한 10번은 넘게 들은 것 같다. 플라멩코만큼이나 열정적인 설명에, 나는 이 사람이 관광 안내소 직원이 아니라 술 공장에서 파견 나온 직원이 아닐까 하는 의심이 들 정도였다. 안 그래

티오 페페는 헤레스 데 라 프론테라의 곳곳 어디서나 볼 수 있다. 명실공히 이곳의 자부심이자 자랑이라고 할 수 있다.

도 호텔에서 구시가지 쪽으로 걷는데, 와인 통으로 장식된 기념물과 술병이 곳곳에 눈에 띄어 무슨 축제라도 하나 싶던 참이다. 티오 페페 때문에 일 년 내내 헤레스를 찾는 여행자가 끊이질 않는다니, 티오 페페는 명실공히 헤레스의 자부심이자 자랑인가 보다. 종잇장처럼 얇은 내 귀와 정열의 관광 안내소 직원 덕에 나는 그 자리에서 목적지를 바꾸었다. 좋아, 헤레스에서 가장 유명한 보데가를 방문해보자고.

헤레스 사람들은 그냥 '티오 페페'로 부르지만, 이 회사의 정식이름은 곤살레스 비아스Gonzáles Byass다. 1835년 당시 23살의 스페인 사람 마누엘 마리아 곤살레스 앙헬Manuel Maria González Angel과 영국 사람 로버트 블레이크 비아스Robert Blake Byass가 합작해서 만든 술 공장이란다. 실질적인 주조는 곤살레스의 삼촌이 맡았는데, 삼촌 이름이 '호세 앙헬 데 라 페냐Jose Ángel de la Peña'였다. 가족은 페냐 삼촌을 페페라고 불렀는데, 티오Tio(삼촌이라는 뜻)란 말이 덧붙여져 티오 페페Tio Pepe라는 이름이 만들어졌다. 페페 삼촌의 술이라니, 이름이 참 정겹다. 비아스는 1888년 은퇴해 지금은 스페인 곤살레스 가문의 4대와 5대 후손이 운영하고 있단다.

티오 페페는 헤레스를 대표하는 보데가로, 품질이 뛰어난 셰리와인Sherry wine을 생산한다. 셰리라는 이름은 지명에서 따왔단다. 헤레스Jerez를 프랑스어로는 익제헤스Xérès라 하는데, 이것을 영어식으로 읽은 것이 셰리Sherry다. 즉, 셰리와인은 '헤레스 와인'이란 뜻이다.

셰리와인은 주정강화 와인Fortified Wine의 한 종류다. 주정강화 와인은 스페인과 포르투갈에서 최초로 만든 독특한 와인이다. 주정강화는 발효과정을 끝낸 와인이나 발효 중인 와인에 브랜디를 첨가하여 발효를 멈추게 하는 것을 말한다. 브랜디를 넣었으니 알코올 함량 역시 일반 와인보다 높다. 이러한 와인이 탄생한 핵심배경은 와인 수출에 있다. 18세기 이후 와인 산업이 활기를 띠면서 유럽 국가 간, 대륙 간 교역이 활발해지자 유통 기간이 짧은 와인이 큰 고민거리였다. 그래서 발효를 정지한 주정강화 와 인을 만들어 유통과 보관 기간을 늘림으로써 수출을 더 쉽게 한 것이다. 셰리와인 이외의 주정강화 와인에는 발효 도중에 브랜디를 넣은 포르투 갈의 '포트Port'와 브랜디를 첨가한 후 몇 개월 동안 온열기에서 가열하는 '마데리아Maderia'가 있다.

티오 페페는 1844년에 처음으로 와인을 생산했다. 대부분 영국으로 수 출했는데, 와인을 시음한 공동 창업자 비아스조차 그 맛에 감탄했다고 한 다. 스페인에서 가장 유명한 셰리주의 역사는 이렇게 시작되었다.

오늘의 마지막 투어를 위해 표를 사고 가이드가 오기를 기다렸다. 술 공장에서 박물관처럼 이렇게 투어를 운영한다는 게 좀 놀라웠다. 특히 프 랑스는 공장이 거대한 포도밭과 함께 있는데, 이곳 헤레스는 도시 안에 와인 공장이 있는 게 아주 색다르다.

잠시 후 가이드가 나타났다. 세련된 영어로 자기를 소개하며 관광객들 을 밖으로 안내한다. 우리 팀은 독일, 벨기에, 미국 사람들이 함께한다. 밖으로 나가자 꼬마 기차가 기다린다. 꼬마 기차를 타고 이동할 정도로 규모가 상당히 큰가 보다. 기차가 움직이자 가이드는 곤살레스 비아스 회 사의 역사를 소개하며 지금도 곤살레스 가문 사람들이 여름철을 보내려 고 이곳 별장을 찾는다고 알려준다. 왼편에 작은 정원이 딸린 별장이 있 고, 별장을 지나자 작은 포도밭이 나타났다. 주렁주렁 매달린 초록 포도 알이 단단해 보인다. 뜨거운 스페인 땅에서 자라는 포도는 다른 어느 유 럽 지역보다 당도가 높을 것만 같다.

가장 먼저 브랜디를 만드는 곳을 둘러보는데 커다란 티오 페페 로고 조형물이 우리를 반긴다. 사람처럼 빨간 모자와 자켓을 입고, 기타를 옆에 세워 둔 술병이다. 이 로고는 1936년, 루이스 페레스 솔레로^{Luis Pérez Solero}가 만들었다고 한다. 커다란 챙이 달린 모자는 농부를, 빨간색 자켓은 헤레스에서 유명한 승마복에서 따왔고, 기타는 플라멩코를 상징한다. 헤레스에서 유명한 아이콘은 다 넣어 만든 셈이다.

문 안쪽으로 들어가자 스페인의 전통적인 가옥구조인 파티오가 나타났다. 햇살이 들어와야 하는데 어두컴컴하다. 위쪽을 보니 포도나무가 울창하게 자라 거미줄처럼 엮여서 자연 그늘을 만들고 있다. 이곳에 심은 포도나무 중에는 100년이 넘은 것도 있단다. 오래된 포도나무는 와인을 만들기에는 부적합해서 관상용으로 이용된단다. 건물 안은 오래된 나무에서 나는 향과 쾨쾨한 와인 냄새가 뒤섞여 있다. 층층이 쌓인 술통의 한쪽 벽에는 십자가가 걸려 있고, 백열전구가 샹들리에처럼 천장에 매달렸는데, 거미줄이 쳐져 있어 마치 오래된 성 안에 들어온 것만 같다.

브랜디를 증류하는 커다란 증류기가 보인다. 예전에 프랑스 그라스^{Grasse}의 향수공장에서 본 증류기와 비슷하다. 증류방식은 간단하다. 증류기에 와인을 넣고 왼쪽의 네모난 곳에 불을 때면 관을 통해 열기가 증류기로 들어가고, 이를 통과하면서 증발된 와인이 오른쪽 통에 저장되는 방식이다. 브랜디는 숙성 정도에 따라 색상이 진해진다. 쉽게 비교할 수 있게 일

커다란 티오 페페 로고 조형물. 커다란 챙이 달린 모자는 농부를, 빨간색 자켓은 헤레스에서 유명한 승마복에서 따왔고, 기타는 플라멩코를 상징한다.

공장으로 들어가면 먼저 파티오가 나타난다. 천장에는 포도나무가 울창하게 자라 거미
줄처럼 엮여 있다. 40도에 육박하는 날씨에 자연스레 그늘을 만들고 있다.

렬로 쭉 늘어놓은 잔에 흰색에서 진한 색까지 각 브랜디를 따라놓았다. 관광객들은 잔을 들고 브랜디 색과 향을 비교해본다. 여기서 생산된 브랜디 레판토Lepanto는 셰리와인을 만드는 데 쓰이고, 전 세계로 수출되기도 한단다.

브랜디 제조공장을 나와 돌아본 곳은 거대한 원형건물에 진열된 오크통들이다. 곤살레스 비아스에서 와인을 수출한 나라들에는 어떤 나라가 있는지 술통을 이용하여 전시해놓은 공간이다. 함께한 관광객들의 국가를 물어보고 수백 개의 통 가운데 해당 국가가 어디에 있는지 찾아준다. 우리나라도 있을까 하며 기웃거리는데, 왼쪽 편에서 'Corea Sur'라고 쓰인 태극기가 붙은 술통이 눈에 번쩍 띈다. 하하, 가이드보다 내가 먼저 찾아내다니, 어쩔 수 없는 대한민국 국민인가 보다.

다음으로 향한 곳은 와인 저장소다. 거대한 규모도 규모지만, 무엇보다 그 장엄한 분위기가 사람들을 압도하기에 충분했다. 검은빛을 띠는 술통들이 4단으로 쌓여 수십 미터까지 죽 늘어서 있다. 곳곳에 거미줄이 보인다. 아무것도 모르고 그냥 들어왔다면 아마 오랜 세월 버려둔, 지금은 쓰지 않는 술 창고쯤으로 생각했을지 모르겠다. 햇살에 반짝이는 거미줄이라니, 내 머릿속에 깊은 인상이 하나 찍힌다.

20분 정도 비디오를 보고 시음장소로 향하는 중간에 가이드가 재미난 곳으로 안내했다. 와인 잔에 와인이 가득 담겨 있는데, 그곳까지 작은 사다리가 걸려 있다. 이 와인은 생쥐를 위한 것이란다. 에이, 농담이겠지 하는데 벽에 보니 정말 생쥐가 와인을 먹는 사진이 여기저기 걸려 있다. 모

Jerez de la Frontera 191

두 유쾌하게 웃는다. 술 공장에 사는 스페인 생쥐는 와인도 즐기는구나. 그것도 공짜로!

통로에는 세계의 왕족과 유명 연예인, 예술가들에게 헌사된 술통을 모아놓았다. 그중 피카소 사인이 있는 오크통을 보고는 모두 감탄해 마지않는다. 사인이 어찌나 예쁘고 큼지막한지! 또 이렇게 가까이서 피카소 사인을 보게 될 줄이야!

시음장소는 공장 내부에 동네 잔치집 분위기로 꾸며져 있다. 와인은 셰리주 가운데 비교적 옅은 색의 3가지 와인에서 하나를 고르는데, 우리 테이블은 가장 옅은 피노^{Fino}를 골랐다. 병에 쓰인 이름은 '피노 무이 세코^{Fino muy seco}'. 이름에서 이미 매우 드라이하다고 밝히고 있다(스페인어로 'seco'는 '마른, 건조된'이라는 뜻이다). 입구에서 별도로 구매한 안주 티켓을 문의하자 하몽과 치즈, 비스킷이 함께 나온다.

드디어 기다리던 시음시간! 와인 잔에 코를 갖다 대니 진한 브랜디 향이 올라온다. 알자스 지방에서 맛본 화이트와인 리슬링이 떠오른다. 리슬링은 과일 향이 강했는데, 똑같이 식전주와 식후주로 마시는 티오 페페 와인은 어떤 맛일까? 천천히 한 모금 삼킨다. 향은 독했지만 맛은 굉장히 드라이하고 달콤하다. 알자스의 리슬링이 나를 반하게 한 것처럼 티오 페페 와인 역시 나를 반하게 한다.

나는 여행 중반에는 웬만하면 기념품을 사지 않는다. 하지만 이곳은 예외가 됐다. 티오 페페의 브랜디 레판토^{Lepanto}와 셰리와인을 종류별로 50ml 작은 병에 담은 와인박스를 사버린 것이다. 여행을 다녀온 사람들은 알리라. 들고 간 여행책조차 조각조각 뜯어서 읽고 버린다는 것을. 그런데 나는 여기서만 3kg이 넘는 기념품을 샀다. 앞으로 남은 여행길을 생각하면 앞이 캄캄했지만, 티오 페페의 매력은 그만큼 거부할 수 없었다. 물어보

유명 인사들이 사인을 남긴 셰리 와인 저장고. 그중에서도 피카소의 사인은 너무 아름다웠다.

이렇게 아름다운 자연 그늘을 만날 수 있을까. 포도나무는 벽을 타고 올라가 우리에게 아름답고 시원한 그늘을 만들어줬다.

시음용으로 나온 피노 무이 세코. 안달루시아의 강한 남성 같은 느낌이다. 하몽과 치즈, 비스킷과 함께 즐기면 좋다.

니 마드리드에서도 살 수 있지만 이곳처럼 다양하지는 않단다. 솔직히 시음한 셰리와인을 큰 병으로 사고 싶었지만, 무게 때문에 그럴 수 없다는 게 안타깝기만 했다.

그 뒤 한국으로 돌아와 곤살레스 비아스의 술을 찾아보았지만 찾을 수 없었다. 지금은 수입하지 않는 걸까? 이럴 줄 알았다면 무겁더라도 몇 병쯤 더 사올걸. 아쉽다.

50ml짜리 샘플이 아까워서 먹을까 말까 얼마나 고민했는지 모른다. 글을 쓰면서 피노의 맛이 그리워 한 병을 꺼냈다. 겨우 50ml짜리 병이지만 나름 코르크 마개로 막은 것이 앙증맞기 짝이 없다. 와인 잔을 꺼내 따르니 시음용 정도로 겨우 두 잔 나온다. 진한 브랜디 향이 코끝을 맴돈다. 잔을 빙글빙글 돌려 알코올 향을 날리니 참나무 냄새가 올라온다. 알자스의 리슬링이 여성스럽다면, 헤레스의 피노는 마초적인 느낌이다. 머나먼 한국 땅에서 잠시나마 안달루시아의 강한 남성을 느낄 수 있다니 와인의 매력이란 바로 이런 것이 아닐까 한다.

가 보 기.............

마드리드와 세비야에서 기차로 가기에 편하다. 마드리드에서는 약 3시간 40분, 세비야에서는 1시간 10분
정도 걸린다. 세비야에서는 버스를 타도 좋다.
기차 www.renfe.es
헤레스 데 라 프론테라 관광청 www.turismojerez.com

맛 보 기.............

크루스 블랑카 Cruz Blanca
캐주얼한 분위기의 스페인 식당. 저렴하고 맛있는 음식으로 현지인과 관광객 모두 좋아하는 식당이다.
다양한 파타스 또한 즐길 수 있다.
address Calle Consistorio, 16
telephone 956 32 45 35
url www.lacruzblanca.com

머 물 기.............

이타카 오텔 헤레스 Itaca Hotel Jerez
별 네 개짜리 호텔로 시설이 좋고 무엇보다 가격이 저렴하다. 구시가지에 들어가는 어귀에 있다.
address C/ Diego Fernández Herrera
telephone 956 35 04 62
url itacajerez.com

둘 러 보 기.............

보데가스 티오 페페 Bodegas Tío Pepe
헤레스에서 가장 유명한 셰리와인을 생산하는 보데가다. 관광객을 위해 투어를 진행하고 있다.
address C/ Manuel María González, 12
telephone 956 14 46 84
url www.bodegastiopepe.com

크루스 블랑카의 요리

이타카 오텔 헤레스

중학교 때 세계사 시간에 처음 만난 크리스토퍼 콜럼버스^{Christopher Columbus}(스페인어로 Cristóbal Colón). 지금은 유치원 꼬마도 콜럼버스가 누군지 안다. 이탈리아 제노바 태생으로 모험가이자 탐험가인 위대한 정복자. 인도의 향신료를 찾아 항해를 시작했지만, 예상 외로 신대륙을 발견하고 막대한 부를 스페인에 가져다준 영웅. 그러나 죽을 때까지 자신이 도착한 대륙이 동양이라고 믿어 의심치 않던 사람. 자신을 비웃는 사람들에게 테이블 위에 달걀을 세울 수 있느냐고 묻고는 사람들이 달걀을 세우려고 쩔쩔맬 때 달걀을 깨뜨려 테이블 위에 세운 사람. 콜럼버스는 유명한 일화인 '콜럼버스의 달걀'로 발상의 전환이 무엇인지 보여준 사람이다. 사실 콜럼버스와 관련한 이야기는 모두 긍정적인 것뿐이다. 그래서 나는 오랫동안 그가 굉장히 훌륭한 사람이라고 생각했다.

콜럼버스가 첫 항해를 출발한 곳은 팔로스 데 라 프론테라(이하 팔로스)다. 흥미롭게도 콜럼버스의 유명세와 비교하면 그의 첫 출항지는 세계 역사상 꽤 중요한 장소지만, 잘 알려지지 않았다. 나 역시 생소한 지명에 어찌할까 잠시 고민했지만, 곧 방법을 찾았다. 버스 터미널에 물어보니 세비아에서 버스로 가야 한단다. 헤레스 데 라 프론테라를 여행 중이었는데, 팔로스가 지도에는 조금 북쪽에 있어서 당연히 직행버스가 있을 줄 알았다. 그런데 없단다. 내륙인 세비야를 거쳐 우엘바Huelva로 간 뒤 다시 버스를 타고서 빙 돌아가야 한단다. 번거로운 루트에 여행계획을 취소할까 잠시 망설였지만, 콜럼버스의 첫 출항지라는 유혹을 뿌리치기 힘들었다. 나는 팔로스로 가는 거점도시인 우엘바의 숙소를 예약했다.

헤레스에서 세비야까지는 버스로 한 시간 좀 넘게 걸린다. 그런데 도착한 터미널에는 막상 우엘바로 가는 버스가 없다. 북쪽에 있는 다른 터미널로 가란다. 아이고, 이럴 줄 알았으면 그냥 세비야에 묵으며 팔로스에 다녀오는 건데 괜히 우엘바의 숙소를 예약해서……. 앞으로 고생길이 훤하다.

시내버스를 타고 북부 터미널로 향했다. 그곳에서 한 시간을 기다린 뒤에야 간신히 우엘바행 버스를 탔다. 게다가 도착한 우엘바의 버스 터미널에서 예약해둔 숙소까지 또 버스를 타야 했다. 나의 인내심은 끓어 넘치기 직전이었다. 온종일 버스만 타고 돌아다닌 꼴이다. 정신력과 체력 모두 바닥이 나 숙소에 짐을 풀자마자 완전히 녁다운이다. 후유, 오늘은 맛난 밥이나 먹고 그냥 푹 쉬어야겠다.

숙소 리셉션에서 도움을 받고 식당을 찾아 시내 중심가로 향했다. 거리가 한적하다. 힘들게 찾아왔는데 별로 볼 것이 없는 것 같아 기분은 더 가라앉았다. 그런데 중심 광장 가까이 가자 손가락으로 힘차게 한 곳을 가리키는 동상이 보인다. 강렬한 카리스마, 바로 크리스토퍼 콜럼버스다. 고생했지만 제대로 찾아오긴 했구나. 저절로 안도의 한숨이 나온다.

콜럼버스는 손끝으로 바다를 가리키고 있다. 그 바다는 당시 선원들의 심장을 두근거리게 한 미지의 바다이자 두려움의 바다, '검은 바다'라 부르던 대서양이다. 다른 한 손에는 스페인 국기가 달린 깃대를 단단히 움켜쥐고 있다. 그 깃대 끝에는 십자가가 우뚝하다. 제대로 왔다는 뿌듯한

마음에 연신 카메라 셔터를 누르는데 다른 관광객들은 보이지 않는다. 나 혼자다. 사람들이 나를 물끄러미 바라본다. 광장에 있는 관광 안내소에서 여러 정보를 얻었다. 그래, 오늘은 일단 잘 먹고 푹 쉬자.

다음 날, 관광 안내소에서 알려준 대로 버스 터미널에서 팔로스 데 라 프론테라행 버스를 탔다. 관광객은 오늘도 나밖에 없다. 운전기사에게 미리 부탁해뒀다가 내리라는 곳에서 내렸다. 라 라비다 La Rábida 정류장이었다. 주변을 둘러보니 한적한 교외 주택가다. 사람이 보이지 않는다. 이런 곳에 관광지가 있을까? 관광 안내소에서 잘못 알려줬나? 아니면 운전기사가 내릴 곳을 잘못 알려줬을까? 당황스러웠지만 일단 조금 걷기로 했다.

그때, 저 멀찍이 마을주민인 듯 보이는 할아버지 둘이 내 쪽으로 걸어온다. '콜럼버스'라는 이름을 듣자마자 모두 한 방향을 가리킨다. 휴, 다행이다. 맞게 왔나 보다. 좀 더 걸어가니 대학교와 공원이 보이고, 입구 비슷한 곳에 지도 표지판이 세워져 있는데 지역이 꽤 넓다.

큰길 저편에 라비다 산타 마리아 수도원 Monasterio de Santa Maria de la Rábida 이 보였다. 목적지에 도착했다는 안도감에 천천히 사진을 찍으며 다가갔다. 입구에서 표를 사려고 하자 직원이 문을 닫으며 시에스타란다. 시계를 보니 오후 1시. 아뿔사, 시간 체크하는 걸 깜박했다. 다시 문 여는 시간을 물으니 4시란다. 헉, 빌어먹을 시에스타! 시에스타는 관광객들에겐 주적이다. 과장을 보태서 말하면, 정말 뭘 좀 보려고만 하면 문을 닫아버리니 답답할 때가 한두 번이 아니다. 안달루시아의 시에스타는 다른 곳보다 더 길다. 작은 수도원이라 조금만 일찍 서둘렀다면 돌아봤을 텐데 무려 3시간을 기다려야 한다니 몸 안의 공기가 다 빠져나가는 느낌이다. 이 심심한 데서 뭐 하지? 한숨이 절로 나온다. 이런 내 모습이 안돼 보였는지 직원

이 살짝 귀띔해준다. 강변으로 내려가면 1492년 콜럼버스가 이끌고 떠난 세 척의 배를 복원해놓은 곳이 있으니 그쪽에 들렀다가 오란다. 반신반의 하며 건물 뒤쪽 계단을 내려가니 정말로 강변에 정박한 멋진 범선 세 척 이 보인다.

콜럼버스는 라비다 산타 마리아 수도원에서 머나먼 항해를 계획했다. 수도원은 틴토Tinto 강과 오디엘Odiel 강이 만나는 곳에 있어 항해를 준비하 기에 딱 좋은 장소였다. 이사벨 여왕에게 어렵사리 얻은 지원을 등에 업 고 마침내 콜럼버스는 검은 바다를 향해 모험을 시작한다.

1492년 8월 3일, 드디어 세 척의 배가 출항한다. 대항해 시대의 범선인 산타 마리아Santa María 호와 좀 더 작은 범선인 카라벨Caravel 핀타Pinta 호, 산타 클라라Santa Clara (닉네임은 니냐 Niña) 호가 그것이다. 배 안에는 콜럼버스와 콜럼버스의 가장 큰 조력자인 핀손Pinzón 형제를 주축으로 90명의 선원이 탔다. 2개월간의 막막한 항해 끝에 이들은 1492년 10월 12일 마침내 신대륙에 도착한다.

육지를 발견하고 소리 친 사람은 항해사 로드리고 데 트리아나^{Rodrigo de Triana}이고, 이들이 첫 발을 내딛은 곳은 바하마의 산 살바도르^{San Salvador} 섬이다. 신대륙의 아름다움에 감탄한 콜럼버스는 원주민을 바라보며 생각에 잠긴다. 그리고 이들에게 가톨릭을 전파하고 '노예'로 삼아야겠다고 마음먹는다.

머리가 좀 큰 다음에 알게 된 콜럼버스는 중학교 때 내가 알던 콜럼버스랑 완전히 딴판이었다. 달라도 너무 달라서 무엇이 진실인지 혼란스럽기까지 했다. 콜럼버스는 당시 식민지 욕심에 가득 찬 이사벨 여왕과 페르난도 국왕의 지원을 받아 오늘날의 바하마, 아이티, 도미니카, 쿠바 땅에 최초로 도착했다.

사실, 최초로 도착한 게 아니었다. 아메리카 땅에 처음 발을 디딘 이들은 아이슬란드를 거쳐 이곳에 정착한 아시아인이었고, 이후에는 바이킹이 그랬다. 정확히 말하자면 콜럼버스는 아메리카 대륙에 도착한, 바이킹 이후의 최초 유럽인이라고 하는 게 맞다. 게다가 어떤 목적(신대륙을 찾겠다는)이 있는데 '최초'라는 수식어를 붙인다는 게 좀 모호하다. 콜럼버스가 가려 한 곳은 동인도였지 않은가. 또 '발견'이라는 표현도 문제다. 아메리카 땅에는 이미 원주민이 있었는데 누구에 의한, 누구의 발견이란 말인가? 그런 식으로 하자면 우리나라 또한 '발견'된 곳이지 않은가 말이다. 문명인은 오직 '유럽인'뿐이라는 오만한 세계관에서 나온 잘못된 표현이지만, 지금은 너무나 보편적인 표현이 되고 말았다.

어찌됐건 공식적으로 신대륙을 '발견'한 콜럼버스 일행에게 원주민은 '지적능력이 있는 동물'에 지나지 않았다. 그들은 우호적으로 다가온 원주민을 신대륙의 '증거물'로 삼고자 생포했고, 노예로 삼고자 배에 태웠다. 그러나 원주민 가운데 몇몇 사람은 고된 항해로 배 안에서 목숨을 잃고 만다. 그렇다고 살아남은 원주민들이 안전한 것은 아니었다. 콜럼버스 일행이 스페인으로 돌아갈 때 선원의 반 정도가 원주민을 지배하려고 그곳에 남았는데, 이들은 원주민을 무차별적으로 살육하고 강간했다.

콜럼버스가 1,200명에 달하는 사람들을 이끌고 다시 돌아왔을 때는 분노에 찬 원주민들이 선원들을 모두 죽이고 난 뒤였다. 콜럼버스 일행은 남은 원주민을 유럽에 팔아버렸으며 그들이 몸에 지니고 있던 금을 강제로 바치게 했다.

콜럼버스 일행은 원주민에게는 돌이킬 수 없는 재앙이었다. 스페인 정복자들은 결국, 원주민의 멸망과 멸종을 가져왔는데, 그들이 옮긴 천연두로 원주민이 모두 죽었기 때문이다. 그러나 원주민의 복수도 찾아볼 수 있는데, 1494~1495년에 유럽으로 매독이 전파된 것이다. 그 뒤 수백 년 동안 매독은 죽음의 질병으로 유럽을 휩쓰는 공포의 대상이었다.

입장료를 내고 건물 안으로 들어가니 대항해 시대의 범선과 당시 해상 루트를 설명한 작은 박물관이 있다. 로비에는 이를 지원한 이사벨 여왕과 페르난도 왕의 거대한 마네킹이 서 있다. 밖으로 나가자 세 척의 배가 정박해 있는데 마치 500년이 넘는 세월을 거꾸로 되돌려놓은 듯했다. 배 위에 직접 올라가 보았다. 핀타 호에는 로드리고 데 트리아나의 마네킹이 신대륙의 발견을 알리고 있었고, 배 내부에는 스페인에서 빼놓을 수 없는 하몽이 주렁주렁 매달려 있고 와인이 담긴 병도 보였다. 오랜 항해를 위해 준비한 식량이 흥미로웠다.

배 뒤편에는 이들이 발견한 신대륙의 원주민과 그들의 생활상을 마네

강변에는 콜럼버스가 이끌고 떠난 세 척의 배를 그대로 복원해 놓은 곳이 있다.

위 육지를 발견했다고 소리친 첫 번째 사람은 항해사 로드리고였다. 선상 아래로 내려가면 2개월의 항해 동안 선원들이 먹은 음식들이 보인다. 하몽, 와인, 마늘 등 흥미로운 광경이다.
아래 콜럼버스가 신대륙에서 만난 원주민들을 마네킹으로 묘사해놓았다.

킹으로 전시해놓았다. 콜럼버스는 '온몸에 상처가 난'이란 표현으로 원주민을 묘사했는데, 이것은 문신을 뜻한다. 원주민 마네킹들이 벌거벗은 몸으로 낚시를 하거나 옥수수를 굽고 있다.

한 바퀴 돌고 나니 식당이 보였다. 식당 안에서 다른 관광객들을 만나니 마냥 반갑다. 식사를 마치자 이번에는 이곳이 시에스타라며 나가란다. 시간은 2시 반. 아직 1시간 반이나 남았다. 할 수 없다. 수도원까지 천천히 걸어가며 주변을 둘러보기로 했다. 공원이 있었지만 사람이 없고 관리가 부실한 걸로 봐서 한동안 버려둔 듯했다. 도로 양쪽으로 난 가로수길을 걷는데 바닥에 어디선가 많이 본 문양들이 나타났다. 바닥에 중남미 국가들의 국기와 이들의 독립일을 새긴 것이다. 아! 식민지였던 국가들이 그 시발점이 된 이곳에 자신들의 국기와 독립일을 기념해놓았구나! 지금은 적어도 표면상으로는 우호적인 친선관계로서 지난 역사를 서로 나누는 것이겠지만, 독립 기념일을 보자 이들 국가의 아픈 상처를 들춰낸 듯 가슴이 아려온다. 카메라에 다 담기조차 부담스러운 수많은 나라의 국기와 원주민들의 문양이 200여 미터나 길게 이어졌다.

수도원으로 돌아오니, 드디어 문이 열렸다. 아까 만난 직원이 활짝 웃으며 인사한다. 삐걱거리는 문을 밀고 안으로 들어가니 파티오가 나타났다. 정사각형 모양의 파티오에는 역시 정성 들여 가꾼 화초와 꽃들이 가득하다. 식물원이 따로 없다. 파티오 둘레 벽에는 콜럼버스의 역사적인 출항과정과 신대륙에 도착하기까지의 과정을 묘사한 그림이 순서대로 걸려 있다. 파티오와 이어진 방에도 출항과정과 중대한 논의가 있던 그날을 표현한 벽화가 그려져 있다. 작은 예배당에도 들어갔다. 바로 이곳에서 콜럼버스는 순조로운 항해와 탐험의 성공을 기도했을 것이다. 2층에는

콜럼버스가 여왕의 신임을 얻으려고 자신을 증명해 보이던 방

콜럼버스의 흔적을 느낄 수 있는 방이 있다. 콜럼버스와 그의 아버지가 이야기를 나눴다는 '아메리카의 베들레헴'. 이 방에서 탐험이 구체화되고 콜럼버스는 확신에 차게 되었으리라.

콜럼버스가 여왕의 신임을 얻으려고 자신을 증명해 보이던 방도 볼 수 있다. 콜럼버스는 지구는 둥글기 때문에 대서양으로 계속 항해해가면 인도에 다다를 수 있고, 그러면 스페인이 큰 부를 얻게 될 거라고 여왕을 설득했다. 콜럼버스는 까다로운 조건을 내세웠지만(발견한 이득 중 꽤 많은 부를 자신의 몫으로 달라고 했단다), 당시는 스페인의 레콘키스타가 완성되던 때였다. 나라 안이 안정되자 해외로 눈을 돌리려던 이사벨 여왕에게 콜럼버스의 계획은 분명 솔깃한 제안이었을 것이다. 그러나 여왕도 콜럼버스도 1492년의 출항이 인도가 아닌 거대한 대륙의 발견으로 이어질 거라고는 생각하지 못했다. 나 역시 신대륙 발견이라는 중대한 역사적 사건이 이렇게 작은 수도원에서 논의되고 실천되었다는 사실에 기분이 묘해진다.

다음 여행지는 세비야다. 세비야에는 콜럼버스가 잠들어 있다.

가 보 기 ....

팔로스 데 라 프론테라로 가는 관문인 우엘바는 마드리드와 세비야에서 기차로 가는 게 편하다. 마드리드에서는 약 3시간 40분, 세비야에서는 1시간 10분 정도 걸린다. 세비야에서 갈 때는 버스를 타도 좋다. 버스는 세비야 북부의 아르마스 터미널Estación de Autobuses plaza de Armas에서 출발하면 1시간 정도 걸린다. 우엘바에서 팔로스 데 라 프론테라로 갈 때는 버스 터미널에서 팔로스 데 라 프론테라행 버스를 타고, 라 라비다La Rábida 정류장에서 내리면 되는데 약 10~15분 정도 걸린다.
기차 www.renfe.es
버스 www.damas-sa.es
우엘바 관광청 www.huelva.es
팔로스 데 라 프론테라 관광청 www.palosfrontera.com

맛 보 기 ....

레스타우란테 아칸툼 Restaurante Acanthum
에스페란사 공원Parque de la Esperanza 극장의 식당으로, 지역 사람들에게 인기 있는 레스토랑이다.
address Calle San Salvador, 17
telephone 959 24 51 35

파나데리아 디오니 Panadería Dioni
우엘바 구시가지에 있는 유명한 패스추리 커피숍이다.
address Avda. Federico Molina nº70, Isla Chica
telephone 959 22 01 68

머 물 기 ....

팔로스 데 라 프론테라를 돌아보려면 우엘바에서 숙박해야 한다. 우엘바의 버스 터미널 가까이 머무르면 다른 도시로 가거나 팔로스 데 라 프론테라로 가기에 편리하다.

우엘바 터미널

파나데리아 디오니

오텔 코스타 데 라 루스 Hotel Costa De La Luz

버스터미널에서 비교적 가까운 별 2개짜리 호텔로 묵기에 무난하다.

address José María Amo, 8 y 10
telephone 959 25 64 22
url www.hotelcostaluzhuelva.com

오텔 에우로스타스 타르테소스 Hotel Eurostars Tartessos

버스 터미널에서 좀 더 떨어진 구시가지에 있는 유러스타 체인 호텔로 깔끔한 편이다.

address Avda. Martin Alonso Pinzón, 13
telephone 959 28 27 11
url www.eurostarshotels.com

둘 러 보 기 ....

라비다 산타 마리아 수도원 Monasterio de Santa María de la Rábida

신대륙으로의 출항을 계획하고 준비하던 장소로, 이사벨 여왕이 방문하기도 했다.

address 21819, La Rábida, Palos de la Frontera
telephone 959 35 04 11
url www.monasteriodelarabida.com

콜럼버스의 배 Caravel Quay

1492년 콜럼버스가 이끈 세 척의 범선과 신대륙 원주민, 그리고 당시 모습을 복원해놓은 테마파크다.

address Muelle de las Carabelas
telephone 956 53 05 97

콜럼버스의 배 테마파크

우엘바의 중심가

세비야는 스페인에서 네 번째로 큰 도시다. 예전에 여행할 때는 구시가지만 재빨리 돌아보느라 도시 규모에 전혀 신경 쓰지 못했다. 그 탓에 이번 여행에서는 무거운 짐을 끌고 숙소까지 가느라 실컷 고생해야 했다.

세비야는 이사벨 여왕과 페르난도 왕의 레콘키스타로 땅을 되찾은 뒤, 무역의 중심지로 성장한 도시다. 신대륙을 발견한 콜럼버스가 위풍당당하게 돌아오자 세비야에는 부와 명예를 열망하는 사람들이 몰려들었다. 신대륙을 향한 출항과 무역의 독점권을 거머쥔 도시는 눈부신 속도로 발전한다. 이 시기에 세워진 세비야 대성당Catedral de Sevilla은 당시로서는 세계 최대 규모의 위용을 온 세상에 과시했다. 세비야가 얼마나 번성했는지 잘 알 수 있는 대목이다. 당시 사람들은 세비야를 새로운 로마로 불렀으며, 16세기 말에는 스페인에서 인구가 가장 많은 도시가 되었다. 그러나 그것도 잠시, 16세기 후반에 들어 근처의 카디스 항이 개발됨에 따라 세비야는 17세기 중반부터 서서히 내리막길을 걷게 된다.

호텔에서 나와 구시가지로 향했다. 알카사르 정원Jardines del Alcázar을 가로지르는데 온갖 빛깔의 아름다운 꽃과 분수가 반갑게 인사한다. 정원 한가운데에 있는 기념비에는 범선 조형물에 이사벨 여왕의 이름이 새겨져 있다.

대항해 시대에 누린 번영의 흔적이다. 정원을 지나 산타 크루스 지역^{Barrio} de Santa Cruz으로 들어선다. 중세 특유의 좁고 낮은 집들이 오밀조밀하게 모여 있는데, 플라멩코 의상과 액세서리를 파는 가게가 즐비하다. 정신없이 구경하는 것도 잠시, 어느새 건물 사이에 숨어 있던 세비야 대성당이 모습을 드러낸다.

세비야 대성당은 1402년에 착공되어 1506년에 완공되었다. 당시만 해도 세계에서 가장 큰 성당이었으나 현재는 바티칸시티의 성 베드로 대성당^{Basilica di San Pietro}, 런던의 세인트 폴 대성당^{Saint Paul's Cathedral} 다음으로, 세계에서 세 번째로 큰 성당이다. 1987년에 유네스코 세계문화유산에 등록되었다. 성당의 외관은 고딕 양식, 상단의 돔은 르네상스 양식으로 꾸며져 있다. 카메라 앵글에 전체가 잡히지 않을 만큼 규모가 크지만, 성당 외부 벽면은 특별한 장식이 없어 밋밋한 느낌이다.

대성당 안으로 들어가자마자 거대한 조형물이 눈길을 사로잡는다. 바로 콜럼버스의 관을 어깨에 멘 네 명의 왕을 표현한 조형물이다. 그들은 스페인의 레온^{León}, 아라곤^{Aragón}, 카스티야^{Castilla}, 나바라^{Navarra}왕국의 왕이다. 이탈리아 출신의 일개 평민의 관을 넷이나 되는 스페인 왕들이 어깨에 멘 걸 보니 스페인 사람들이 콜럼버스에게 얼마나 깊은 경의를 표하는지 알 것 같았다.

콜럼버스는 1492년부터 1503년까지 모두 네 번의 항해를 했지만 사실 별다른 소득(황금이나 은)을 얻지는 못했다. 이 때문에 스페인 왕들은 콜럼버스가 죽었을 때 본 체 만 체했다. 하지만 시간이 흘러 아메리카 대륙에서 막대한 부를 얻게 되자 콜럼버스는 이미 죽고 없었지만, 각 지역을 대표하는 왕이 경의를 표해도 좋을 만큼 위대한 인물이 돼 있었던 것이다.

콜럼버스는 1506년 5월 21일 바야돌리드^{Valladolid}에 있는 자신의 집에서 관

절염으로 인한 심장마비로 세상을 떠났다. 그는 자신이 죽으면 스페인 땅을 다시는 밟지 않게 해달라면서 이스파니올라Hispaniola 섬(현재 도미니카 공화국)에 묻어달라고 유언했다. 그의 유해는 여러 곳을 돌아다녔는데, 처음에는 바야돌리드의 공동묘지에 안장됐다가 그다음으로 세비야 근처에 있는 카르투하Cartuja의 수도원으로 옮겨졌다. 그 후 1542년(또는 1537년)에 가서야 자신의 유언대로 이스파니올라 섬의 산토 도밍고Santo Domingo 성당에 안장되었다. 세월이 흘러 1795년 프랑스가 이스파니올라를 정복하자 그의 유해는 다시 한 번 쿠바의 아바나Habana로 옮겨졌다. 그러다 1898년 쿠바가 독립하자 마지막으로 이곳 세비야 대성당에 안장됐다. 콜럼버스의 관을 왕들이 어깨에 멘 것은 그의 마지막 유언, 즉 스페인 땅을 밟지 않게 해달라는 유언 때문이라고 한다.

나는 어려서부터 콜럼버스의 달걀 이야기가 좋았다. 다른 사람들이 달걀을 세우려고 안간힘을 쓸 때, 달걀은 그렇게만 세울 수 있는 게 아니라면서 달걀을 깨뜨려 세운 그의 창의적인 발상에 매료됐었다. 또한 모두 궁금해했지만 아무도 엄두를 내지 못하던 검은 바다, 대서양으로의 출항 역시 남달랐다. 세상을 향한 그의 호기심과 탐험가적 기질, 그리고 무엇보다 열정이 없었다면 불가능했을 일이다. 비록 그가 내딛은 첫 발이 아메리카 대륙의 본토가 아니라 조금 못 미치는 곳이었다 해도 그의 시도 덕분에 수많은 사람이 용기를 내어 미지의 그곳에 다다랐으니, 콜럼버스는 누구도 시도하지 못한 일을 해낸 위대한 인물임이 틀림없다.

그러나 콜럼버스는 안타깝게도 그뿐이었다. 왜냐하면 진정한 영웅이란 자신의 재능과 열정을 좋은 일에 쓰기 때문이다. 다산 정약용의 어록에는 이런 말이 있다.

'천하에는 두 가지 큰 저울이 있다. 하나는 시비是非 즉 옳고 그름의 저

세계문화유산에 등록된 세비야 대성당의 외관. 고딕, 르네상스 양식으로 꾸며져 있는데, 다소 밋밋한 느낌이다.

콜럼버스의 관을 어깨에 멘 네 명의 왕 조형물. 레온, 아라곤, 카스티야, 나바라 왕국의 왕이다.

울이고, 다른 하나는 하나는 이해利害 곧 이로움과 해로움의 저울이다. 이 두 가지 큰 저울에서 네 가지 큰 등급이 생겨난다. 옳은 것을 지켜 이로움을 얻는 것이 으뜸이다. 그다음은 옳은 것을 지키다가 해로움을 얻는 것이다. 그다음은 그릇됨을 따라가서 이로움을 얻는 것이다. 가장 낮은 것은 그릇됨을 따르다가 해로움을 불러들이는 것이다.'

콜럼버스는 남다른 비범함으로 굵직한 역사의 한 페이지를 장식했지만 그 자신은 옳은 일도, 이로움도 얻지 못했다. 그는 생전에 불행했고, 사후에조차 많은 논란거리가 되었다.

세비야에는 주목할 것이 또 하나 있다. 그것은 바로 플라멩코. 플라멩코의 본산지는 안달루시아 남부다. 정확히 말하자면 카디스, 헤레스 데 라 프론테라 그리고 세비야를 선으로 이었을 때 그 삼각형 안 어딘가에서 플라멩코가 탄생했다고 한다. 이 도시 가운데 플라멩코를 즐기기에 가장 좋은 곳은 누가 뭐래도 안달루시아의 주도인 세비야다. 마드리드와 바르셀로나에서도 플라멩코 공연을 즐길 수 있지만, 플라멩코는 역시 안달루시아만 한 곳이 없다. 그만큼 안달루시아의 정열적인 기운은 다른 어느 곳보다 거세고 드높다.

플라멩코 공연을 기대하며 세비야에 어둠이 내리길 기다린다. 오후 6시지만 해가 지려면 아직 멀었다. 안달루시아의 태양은 밤 9시가 넘어야 힘을 잃는다. 일요일이라 그런지 성당 둘레에 결혼예복을 곱게 차려 입은 신랑 신부와 신부 들러리 모습이 눈에 띈다. 이들의 모습을 한순간이라도 놓칠 새라 사진사가 연신 카메라 셔터를 누른다. 우리나라나 스페인이나 결혼식 사진을 열심히 찍는 건 별 차이가 없나 보다. 세상은 닮은꼴이다.

시간이 남아 산타 크루스 골목을 구경하기로 했다. 앙증맞은 플라멩코

드레스가 겨우 9유로! 군침을 흘리고 있는데 스치듯 지나가는 아름다운 세비야의 신부! 오, 스페인에서 본 여인네 중 가장 예쁘다.

가방 속에 넣어둔 카메라를 얼른 꺼낸다. 카메라가 켜지는 사이 신부가 저만치 걸어간다. 뒷모습이지만 찰칵. 흔들렸다. 무엇에 홀린 듯 신부의 뒤를 따라간다. 다시 한 장 찰칵. 또 저만치 멀어진다. 빠른 걸음으로 다가가 다시 한 번 찰칵. 신부가 건물 안으로 들어갔다. 아쉬웠지만 그냥 포기하고 발걸음을 돌리려는데, 뒤에서 이를 지켜보던 관광객 부부가 쫓아가라고 응원해준다. 갑자기 용기가 마구마구 솟는다. 좋았어, 이번에는 신부에게 달려가서 사진 한 장만 찍자고 해야지. 그리고 눈부시게 아름답다고 말해주리라 결심한다. 그래서 열심히 뛰었다. 결혼식이 곧 시작되려는지 드레스가 꽤 무거울 텐데 신부의 발걸음은 나는 듯하다. 도저히 따라갈 수가 없다. 안타깝게도 아름다운 세비야의 신부는 내 눈앞에서 그렇게 사라져버렸다.

플라멩코는 왜 플라멩코라고 부르는 걸까? 플라멩코가 어디서 시작됐는지 정확히 알 수 없는 것처럼(아마도 이는 바람처럼 떠도는 집시의 영혼 때문이리라) 어원 역시 마찬가지란다. 춤추는 모습이 플라밍고 새와 닮은 데서 유래됐다는 설(정말 손 모양이 플라밍고의 굴곡진 부리와 비슷하다), 안달루시아어로 '펠라 민 구에르 아드('땅 없는 농민'이라는 뜻)'에서 유래됐다는 설, 집시들이 처음부터 그냥 그렇게 불렀다는 설 등이 있지만, 아직까지 정설로 밝혀진 것은 없다. 플라멩코의 기원 역시 정확히 밝혀지지 않았지만, 이슬람 문화, 무어인과 유대인 문화, 안달루시아 토착문화 그리고 1425년에 안달루시아에 상륙한 집시 문화의 융합이라는 데에는 이견이 없다. 플라멩코는 2010년 유네스코의 '인류 구전 및 무형 유산 걸작'으로 지정될 만큼 전 세계에 널리 알려졌지만, 플라멩코가 등장한 시기는

산타 크루스 골목에서 만난 앙증맞은 플라멩코 드레스

끝내 따라잡을 수 없었던 아름다운 세비야의 신부

18세기 후반으로 비교적 최근이다. 그런데도 뿌리를 정확히 모른다니 정말 신기한 일이다.

플라멩코는 단순한 춤이 아니라 공연예술이다. 플라멩코를 이루는 네 가지 요소는 바일레^{Baile}(춤), 토케^{Toque}(기타), 칸테^{Cante}(노래), 할레오^{Jaleo}(손뼉과 추임새)다. 나는 이 중에서 할레오가 가장 흥미롭다. 플라멩코 댄서가 열정적으로 춤을 추면 노래하는 사람들이 음악의 강약에 따라 종종 손뼉과 추임새를 넣는다. 할레오를 뺀 공연은 '팥소 없는 찐빵'이나 마찬가지다. 할레오는 그만큼 댄서와 관객 모두에게 없어서는 안 될 중요한 요소다.

플라멩코 공연은 19세기 중반 세비야에서 처음으로 올려졌다. 당시 플라멩코를 공연하는 곳을 카페 칸탄테^{Café-Cantante}라고 불렀는데, 지금은 모두 사라지고 없다. 오늘 내가 예약한 로스 가요스^{Los Gallos}가 현재 세비야에서 가장 오래된, 또 가장 유명한 플라멩코 타블라오^{Tablao}(플라멩코를 공연하는 극장식 식당)인데, 1966년에 문을 열었다고 한다.

드디어 공연장 안으로 들어갔다. 나름 일찍 도착했다고 생각했는데 벌써 열댓 명이나 와 있다. 맨 앞자리는 이미 다 차서 남은 자리 가운데 무대가 잘 보이는 곳을 골라 앉았다. 공연장은 세계 각국 관광객이 떠드는 소리에 무척 시끄럽다. 하지만 무대가 어두워지자 순식간에 정적이 찾아든다. 모두 숨죽이며 기다리는데 드디어 공연이 시작됐다.

구슬픈 기타 소리가 울려 퍼지고 가수의 목소리가 들리자 곧 비장한 표정의 댄서가 무대 위로 등장한다. 가냘픈 몸매의 댄서는 어디서 그런 힘이 나오는지 절도 있고 격렬한 동작으로 춤을 추기 시작한다. 때론 빠르게 때론 느리게 강약에 맞춰 현란한 동작을 선보인다. 이마에 맺힌 땀방울. 댄서는 손목의 스냅으로, 때로는 캐스터네츠로 박진감을 더하기도 하고 부채를 접었다 폈다 하면서 화려하게 춤을 꾸민다.

무엇보다 가장 인상적인 것은 플라멩코 의상이다. 치마 밑단의 주름장식은 마치 공작 깃털처럼 굉장히 풍성하고 길어서 무게가 만만치 않아 보였다. 이런 옷을 끌고(?) 다니는 것만 해도 힘들 텐데 입고서 춤까지 추다니! 무게도 무게지만 댄서가 격렬하게 돌면 치마가 다리를 휘감는데, 자칫 잘못했다가는 다리가 묶여 꼼짝 못 하지 않을까 살짝 걱정이 됐다. 하지만 그럴 일은 없다. 그녀들은 프로니까. 치마가 다리를 친친 휘감을 찰나, 그녀들은 발로 치마를 탁 찬다. 꼬였던 치맛단이 풀린다. 그녀들의 숙련된 기술에 관객들이 탄성을 자아낸다.

게다가 플라멩코 의상은 또 얼마나 관능적인가! 상체와 엉덩이 부분은 꽉 끼고, 치마 밑단의 풍성한 주름장식은 춤동작에 맞춰 치마를 조였다 풀기를 반복하며 여성의 아름다운 곡선을 살려낸다. 허리를 뒤로 젖히거나 몸을 휘는 동작 또한 유혹적이다. 플라멩코는 여성의 춤이지만, 응축된 에너지를 폭발한다는 점에서는 마초 이미지가 느껴지기도 한다. 거기에 곡선을 드러내는 춤으로 여성의 관능미를 극대화한다고나 할까. 투우사가 뿜어내는 강렬한 이미지에 필적하는 강렬한 유혹의 춤이다.

열정적인 플라멩코 무대로 분위기가 한껏 달아올랐다. 공연이 끝나자 관객들은 우레와 같은 박수로 아낌없이 환호했다.

올레Olé! 올레Olé! 올레Olé!

©전하상

226

세비야 대성당에서 바라보는 세비야의 모습. 대성당의 안뜰에 올리브 나무가 심어져 있는 것이 독특하다.

세비야에는 유난히 건물 옥상에 수영장이 많다. 이곳들은 수영장이 딸린 호스텔이나
호텔이다.

travel memo

가 보 기 ....

안달루시아 지방의 교통 중심지인 세비야는 마드리드에서 기차로 2시간 30분 정도 걸린다. 안달루시아의 다른 도시에 갈 때는 버스가 가장 편리하다. 버스를 탈 때는 아르마스 터미널Estación de Autobuses plaza de Armas과 구시가지 근처의 프라도 터미널Estación de autobuses el Prado de San Sebastian 중 어느 터미널로 출발하고 도착하는지 알아두는 것이 유용하다.

스페인의 주요도시와 유럽을 잇는 공항이 세비야에 있다.

기차 www.renfe.es
항공 www.sevilla-airport.com
세비야 관광청 www.visitasevilla.es

맛 보 기 ....

듀플렉스 Duplex

구시가지에 있는 식당으로 저렴한 가격대에 깔끔한 음식을 즐길 수 있다.

address Don Remondo, 1
telephone 954 21 27 41
url www.restauranteduplex.com

보데가 산타 크루스 Bodega Santa Cruz

인기 있는 타파스 전문점으로 현지인과 관광객 모두에게 사랑받는 곳이다.

address Rodrigo Caro, 1
telephone 954 21 16 94

머 물 기 ....

세비야에는 숙소가 많다. 호텔은 다른 도시보다 비싼 편이지만, 혼자 여행한다면 경제적인 호스텔에 묵는 것도 좋다.

더 가든 백팩커 The Garden Backpacker

세비야에서 평이 좋은 호스텔. 이외에도 다양한 호스텔이 있으니 직접 둘러보는 것도 좋다.

듀플렉스

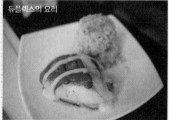
듀플렉스의 요리

address Santiago 19
telephone 954 22 38 66
url www.thegardenbackpacker.com

오텔 알카사르 Hotel Alcázar

구시가지와 근처의 프라도 터미널에서 가까운 호텔. 다른 호텔과 비교하면 저렴하고 깔끔한 편이다.
address Avenida Menéndez Pelayo, 10
telephone 954 41 20 11
url www.hotelalcazar.com

둘러보기...........

세비야 대성당 Cathedral de Sevilla

세계에서 세 번째로 큰 가톨릭 대성당으로 1506년에 완공되었고, 콜럼버스의 유해가 안치돼 있다.
address Avenida de la Constitucion
telephone 954 21 49 71
url catedraldesevilla.es

즐기기............

타블라오 플라멩코 로스 가요스 Tablao Flamenco Los Gallos

1966년에 문을 연 플라멩코 타블라오. 세비야에서 가장 오래됐고 또 가장 유명한 곳이다.
address Plaza de Santa Cruz 11
telephone 954 21 69 81
url www.tablaolosgallos.com

보데가 산타 크루스

오텔 알카사르

Toledo

Madrid

마드리드와
카스티야 지방

엘 그레코의 도시

톨레도

·······················

Toledo

톨레도는 고대부터 중세까지 지역의 수도였고 지금도 톨레도 지방의 주도다. 그러니 규모가 큰 것은 당연한데 나는 올 때마다 톨레도의 도시규모에 놀라곤 한다. 벌써 네 번째 여행인데 말이다. 톨레도는 로마 제국과 서고트 왕국의 영역일 때도 스페인 지역의 수도였다. 8세기에 무어인이 톨레도를 점령하자 잠시 수도를 코르도바로 옮긴 적이 있다. 그러나 1085년 레콘키스타 이후, 알폰소 6세Alfonso VI 때부터 1561년 펠리페 2세Felipe II가 수도를 마드리드로 옮기기 전까지 카스티야 왕국의 수도로서 그 자리를 굳건히 지켰다. 굴곡진 역사로 톨레도에는 10세기부터 유대인, 가톨릭교도, 이슬람교도가 공존하는 시대가 펼쳐졌다. 이런 특징은 톨레도의 도시 곳곳에 온전히 남아 있다. 이런 이유로 톨레도는 1986년 유네스코의 세계문화유산으로 지정되었다.

꽤 오랜 세월 동안 스페인의 정치, 문화, 종교의 구심이던 톨레도가 최근 들어 자꾸 '마드리드 근처의 작고 아름다운 중세마을'로 여겨지는 건 아무래도 동화 같은 미로의 골목길이 주는 추억이 너무 강한 때문인지 모르겠다.

이번에는 하루만 머물 계획이라 기차역 근처에 숙소를 정했다. 구시가지는 해발 150m 언덕 위에 있다. 언뜻 보기에도 성벽으로 단단하게 둘러

236

싸인 모습이 적의 침입을 완벽하게 막을 수 있겠다는 생각이 든다. 기차역 쪽에서 보면 언덕이지만, 성 반대편 대부분은 절벽지형으로 타호 강Rio Tajo을 끼고 있어 천연의 요새라 할 만하다. 한쪽 면만 단단히 성을 쌓고 지키면 되는 하늘이 내린 요새! 중세시대에 성 안에는 귀족과 왕족이 살고, 성 밖에는 하층민이 살았다. 당시 하층민은 나처럼 이렇게 성을 올려다보면서 높은 신분의 삶을 동경했을까? 걸어서 올라가도 되지만, 구시가지에서 많이 걸을 테니 버스를 타기로 한다.

올라가는 버스 안에서 모처럼 한국인 부부를 만났다. 여행을 많이 다니는 부부는 웬만해서는 한국 사람을 봐도 그냥 조용히 있는 편인데, 내가 혼자 있어서 말을 걸었단다. 남편은 모 방송국 헬기 조종사로 다른 직장보다 휴가가 길어 해마다 이렇게 장기여행을 떠난단다.

함께 웅장한 톨레도 대성당Catedral de Toledo을 둘러보고 부부는 박물관을, 나는 엘 그레코의 그림을 보기 위해 헤어졌다. 오르락내리락하는 언덕에 꼬불꼬불 미로가 펼쳐진다. 한참 동안 지도를 봐도 이 길이 저 길이고, 저 길이 이 길 같다. 분명히 방향을 옳게 잡았다 싶은데 출발한 장소로 돌아온다. 톨레도의 골목은 동화 속 세상처럼 아름답다. 하지만 지도를 보고 길을 찾겠다는 생각은 아예 하지 않는 게 좋다.

나는 미로에 갇혀 점점 기운이 빠진다. 더 혼자 찾아다닌다는 건 무리다. 이럴 때 가장 좋은 방법은 역시 현지인에게 묻는 것이다.

"산토 토메 성당은 어디에 있나요?"

진작에 물어볼걸. 성당은 내가 물은 곳에서 겨우 3분 거리에 있었다. 그리고 생각보다 훨씬 작았다.

사실 톨레도의 아름다운 미로를 더 즐기지 않고 곧바로 성당을 찾은 것도, 또 산토 토메 성당에 온 것도 모두 엘 그레코(1541~1614) 때문이다.

예전에는 엘 그레코에게 별 관심이 없었다. 하지만 이번 여행을 준비하면서 그가 누구보다 대단한 화가라는 생각이 들자 덩달아 그에 대한 기대가 커졌다. 엘 그레코는 16세기를 살면서도 근현대의 표현방식을 구현한 작가라고나 할까. 당시 사람들이 그림만 보고 '그 작가' 하고 떠올렸다면, 그는 보통 능력의 작가가 아니었을 것이다. 그런 능력은 아무에게나 있는 게 아니다. 당시는 르네상스 시대로 완벽한 인체비율과 원근법이 명화의 기준이 되던 때였다. 엘 그레코는 이러한 분위기를 거스르듯 자신이 원하는 주제를 표현하고자 인체 비율을 의도적으로 왜곡하고 어두운 색채만 써서 그림을 그렸다. 물론 당시에는 인정받지 못했지만, 몇백 년이 흐른 뒤 그의 그림은 19세기 후반 인상파 화가들에게 큰 영향을 준다. 피카소는, 큐비즘의 구조가 엘 그레코의 그림과 똑같고, 세잔과 엘 그레코는 영혼의 형제라고 표현하기도 했다. 톨레도를 '엘 그레코의 도시'라고 말

하는 건 이 때문이다. 그만큼 엘 그레코가 유럽 미술에 끼친 영향은 지대하다. 그리고 무엇보다 엘 그레코의 주요작품들은 오직 그가 생을 마감한 이곳 톨레도에서만 만날 수 있다. 이것이 톨레도가 여행자들을 불러들이는 가장 큰 매력 가운데 하나다.

산토 토메 성당에는 엘 그레코의 그림 중 최고라 할 만한 작품이 있단다. 나는 두근거리는 마음을 누르며 성당으로 들어갔다. 이렇게 작은 성당에서 입장료를 받기는 또 처음이다. 들어가자마자 바로 오른쪽에 〈오르가스 백작의 장례식Entierro del Conde de Orgaz〉이 벽면

산토 토메 성당의 외관. 생각보다 크기가 작았다.

을 가득 채우고 있다. 성당 내부를 구경하는 사람은 거의 없고 모두 이 그림 앞에 옹기종기 모여 있다. 관리인은 성당 내부는 사진을 찍어도 되지만, 엘 그레코의 그림은 찍으면 안 된다고 몇 번씩이나 주의를 준다. 당시 엘 그레코에게 그림을 산 성당은 그림값을 깎으려고 소송까지 벌였지만, 그 그림이 먼 미래에 이렇게 성당을 먹여 살리게 될 줄은 꿈에도 몰랐을 것이다.

그림은 정말 감동적이다. 마치 나도 오르가스 백작의 매장에 함께하는 듯 저절로 고개가 숙여진다. 그 엄숙함과 숭고한 느낌이라니! 그러나 그림의 배경 이야기를 들으면 느낌이 조금 달라진다.

1323년에 숨을 거둔 오르가스 백작은 평소 가난하고 불쌍한 이들을 돕는 자비롭고 신앙심 깊은 사람이었다. 그는 죽기 전에 산토 토메 성당을 짓는 비용을 대고 자자손손 헌금하겠다는 유언을 남겼다. 그러나 16세기 들어 백작의 후손들이 유언을 따르지 않기 시작했다. 그러자 산토 토메 성당의 한 사제는 백작의 후손들을 고소하였고 그 뒤 벌어진 10년간의 법정공방은 산토 토메 성당의 승리로 끝난다. 사제는 백작의 유언을 후손들이 영원히 기억하라는 메시지를 담아 그림을 그려 달라고 엘 그레코에게 주문한다.

〈오르가스 백작의 장례식〉은 오르가스 백작을 묻는 날, 성 에스테반San Esteban과 성 아우구스틴San Augustin이 나타나 손수 백작을 묻고 사라졌다는 전설을 배경으로 한다. 즉, 신앙심이 깊고 이를 실천하면 성인들의 손에 묻히고 천국에 갈 수 있다는 내용이다. 그림 크기는 가로 3.6m, 세로 4.8m. 그림에 등장하는 사람들은 실제 사람 크기와 비슷하고, 그림 바로 밑에는 오르가스 백작의 무덤이 있어 정말 오르가스 백작을 관에 넣는 듯한 생생한 느낌이 든다.

내 생각에 중세시대 그림의 매력은 상징과 친절한 설명이라고 생각한다. 난해하기 이를 데 없는 현대 예술작품보다 훨씬 친절하다. 그림을 성의껏 들여다볼수록 그림 속 이야기가 실타래처럼 풀려나온다. 비록 누군가에게 돈을 받고 그렸어도 작가가 하고 싶은 이야기가 묻어나오기 마련이다. 이 그림도 그렇다. 몇백 년 전의 엘 그레코가 하고 싶은 이야기는 무엇이었을까?

재미난 것은 엘 그레코가 그림 속에 성모 마리아, 사도 요한, 성 베드로 등의 여러 성인들과 더불어 자신의 아들, 펠리페 2세의 얼굴도 함께 그려 넣었다는 것이다. 펠리페 2세는 예수님의 사랑을 받았던 주요 성인들과 나란히 서 있는데, 진심으로 존경하는 마음에서 성인들의 반열에 올려놓은 것인지 아니면 궁정화가의 꿈을 접지 못해 그린 것인지, 그게 아니라면 또 다른 이유가 있는 것인지는 잘 모르겠다. 〈오르가스 백작의 장례식〉은 대부분 어두운 무채색을 사용하면서 이야기하고자 하는 부분에 화려한 색상을 사용해 집중도를 높였다. 또한 몇백 년 전의 일에 당시 사람들을 함께 등장시켰다는 것도 흥미롭다. 수 백년의 시차를 동시에 그려 넣어 더 매력적인지도 모르겠다.

다음으로 향한 곳은 엘 그레코 박물관Museo del Greco이다. 엘 그레코의 집을 박물관으로 만들었다 해서 당연히 오래된 가옥을 찾는데 보이지 않는다. 또 헤맬 것 같아 물어봤더니 역시나 100m 거리에 있다. 엘 그레코 박물관은 예상과 달리 최근에 개조되어 굉장히 현대적이다. 건물로 들어가 입장권을 끊고 왼쪽 문으로 난 자갈길을 걸으면 16세기의 엘 그레코 집이 나타난다.

엘 그레코의 본명은 도메니코스 테오토코풀로스Doménikos Theotokópoulos다. 이

엘 그레코 박물관의 정원에는 라벤더가 흐드러지게 피어 있다.

름에서 느낄 수 있지만, 그는 크레타 섬의 이라클리온에서 태어난 그리스 사람이다. 그리스에서 태어나 당시 유럽 대륙의 끝자락인 스페인으로 건너와 톨레도에 정착하여 죽을 때까지 살았다. '엘 그레코'라는 이름 역시 '그리스인'을 뜻하는 말이다. 도메니코스는 그림 공부를 하러 이라클리온에서 베네치아로 건너갔다. 당시 이탈리아 사람들은 그를 도메니코스가 아닌 '그리스인ll Greco'이라고 불렀는데, 스페인으로 간 뒤에는 이탈리아어인 '일ll'을 '엘ll'로 부르면서 '엘 그레코'라 부르게 됐다.

내게도 비슷한 경험이 있다. 순례자의 길을 걸을 때였다. 친하게 지내던 스페인 아줌마를 비롯한 주변 사람들은 날 부를 때 정작 내 이름이 아니라 그냥 '미스 코레아나Miss Coreana'라고 불렀다. 뜻풀이를 하자면 그냥 '미혼의 한국 여성'이다. 스페인 사람들은 외국인의 이름을 기억하는 데 별 관심이 없는 것 같다. 만약 내가 스페인에서 평생 그렇게 불린다면 기분이 썩 좋지는 않을 것 같다. 그래서였을까, 엘 그레코는 자신이 그린 그림에 늘 본명으로 사인했다.

그레코가 스페인으로 건너온 좀 더 자세한 여정은 이렇다. 당시 이라클리온은 베네치아 공국의 영토였는데, 그레코는 26살까지 크레타 섬에 살면서 비잔틴 양식의 성화를 배워 화가가 됐다. 이후 베네치아에 건너와 10년간 베네치아, 로마 등지에서 르네상스 양식의 그림을 공부하며 화가로 활동한다. 그 뒤 펠리페 2세가 엘 에스코리알 수도원Monasterio de El Escorial을 꾸미고자 유럽의 화가들을 불러모았는데, 그때 엘 그레코도 마드리드를 찾는다. 그러나 펠리페 2세는 엘 그레코가 그린 〈성 마우리티우스의 순교 El Martirio de San Mauricio〉를 마음에 들어 하지 않으면서 그 그림을 제단에 거는 걸 반대한다. 이때 궁중화가를 꿈꾸던 엘 그레코는 좌절한다. 그 뒤 종교화가 전공인 그레코가 톨레도로 발걸음을 옮긴 건 어쩌면 당연한 일이었다.

톨레도는 지금도 스페인 가톨릭 대주교가 관장하는 대교구大敎區로 종교의 중심지다.

엘 그레코는 1577년 톨레도에 정착하여 평생 결혼하지 않았지만, 1578년 아들 호르헤 마누엘Jorge Manuel이 태어남으로써 아버지로서의 삶을 산다. 아버지 그림에 종종 등장하는 아들은 커서 화가로 활동하는데, 아버지만큼 좋은 작품을 그리지는 못했다.

박물관에 전시된 작품 중에서 가장 아름다운 그림은 〈톨레도의 전경과 지도Vista y plano de Toledo〉다. 산 후안 데 바우티스타Hospital de San Juan Bautista 병원(현재의 타베라 병원Hospital de Tavera)의 행정 책임자이자 문필가였던 살라사르가 소장하던 그림으로, 엘 그레코의 전성기 때 작품이다. 그림 가운데에는 톨레도의 전경이 세밀하게 묘사돼 있고, 오른쪽에는 한 남자가 부드러운 표정으로 톨레도의 지도를 펼쳐 보인다. 하늘에는 성모 마리아와 천사들이 주변을 둘러싸고 있는데, 이 모습은 7세기 중반 톨레도의 대주교이자 수호성인인 성 일데폰소San Ildefonso와 관련이 있다. 그는 성모 마리아가 나타나 톨레도 시를 축복하는 환상을 보았다고 했는데 바로 이를 표현한 것이다.

〈톨레도의 전경과 지도〉를 보고 있자니 마르크 샤갈Marc Chagall(1887~1985)이 떠오른다. 샤갈은 자신이 살던 니스 근교의 생 폴 드 방스St. Paul de Vence를 배경으로 하늘에 떠 있는 연인의 모습을 그렸다. 바로 〈생 폴 위의 연인Couple au dessus de St. Paul〉이란 그림이다. 샤갈과 엘 그레코, 비록 두 작가가 그림을 그린 시기와 화풍은 굉장히 다르지만, 다른 사람들이 근접할 수 없는 독특한 상상력만큼은 둘 다 최고인 것 같다.

겨우 두 작품만 소개했지만 톨레도에는 엘 그레코의 여러 작품을 만날 수 있는 곳이 많다. 게다가 영화에서나 나올 법한 아름다운 골목길과 강을 둘러싼 절벽 위에 펼쳐지는 웅장하고 화려한 전망 역시 놓치기 아깝다. 보통 톨레도는 마드리드에서 당일치기로 방문하지만, 그러기에는 톨레도의 아름다움이 눈부시다. 엘 그레코가 톨레도에 정착하여 남은 생을 보낸 것도 이곳의 아름다움이 한몫하지 않았을까.

톨레도는 항상 축제다. 이날도 시청사에서는 축제 준비에 한창이었다.

맥주 한잔 하라며 언제나 같은 자리에 서 있는 마네킹

축제 기간 동안 톨레도는 거리에 차양을 쳐 시원한 그늘을 만든다.

가 보 기 ....

마드리드의 아토차 역에서 고속철도인 아베AVE로 30분이 걸린다. 버스는 플라사 엘리프티카 버스 터미널Estación de Plaza Elíptica에서 약 45분이 걸린다. 기차역과 버스 터미널은 톨레도 구시가지에서 떨어져 있는데, 걸어가면 약 20분 정도 걸린다.

기차 www.renfe.es

톨레도 관광청 www.spain.info/en/ven/otros-destinos/toledo.html

맛 보 기 ....

콘피테리아 산토 토메 Confitería Santo Tomé

톨레도는 마사판Mazapán이 유명하다. 마사판은 크리스마스 때 먹는 디저트 과자로, 아몬드 가루와 설탕, 꿀을 넣어 만든다. 이곳에서는 1856년부터 마사판을 만들어왔다고 한다.

address Calle Santo Tome, 3

telephone 925 22 37 63

url www.mazapan.com

알피레리토스 베인티콰트로 Alfileritos 24

주소가 식당이름인 독특한 레스토랑. 전통과 현대를 섞어놓은 듯한 디자인이 색다르다. 가격은 조금 비싸지만, 맛과 풍미가 훌륭한 음식을 제공한다.

address Alfileritos, 24

telephone 925 23 96 25

url www.alfileritos24.com

머 물 기 ....

머무는 시간과 교통에 따라 숙소가 달라진다. 구시가지는 언덕에 있고 버스 터미널과 기차역은 구시가지에서 떨어져 있는 편이다. 기차역 주변에는 숙소가 없고 버스 터미널 주변에 몰려 있다. 기차로 가거나 오래 머물 계획이라면 구시가지가 좋고, 하루 정도 머물 계획이라면 터미널 주변이 편리하다.

오텔 마요랄 Hotel Mayoral

버스 터미널 바로 앞에 있는 별 4개짜리 호텔. 일찍 예약하면 저렴한 편이다.

마사판

마사판

address Avenida de Castilla La Mancha 3
telephone 925 21 60 00
url www.hotelesmayoral.com

파라도르 데 톨레도 Parador de Toledo
파라도르 호텔 체인으로 가격은 비싸지만 톨레도 최고의 전망을 감상할 수 있다.
address Cerro del Emperador, s/n
telephone 925 22 18 50
url www.paradores-spain.com/spain/ptoledo.html

둘 러 보 기..........

엘 그레코 박물관 Museo del Greco
엘 그레코와 그의 제자인 루이스 트리스탄Luis Tristán의 그림, 가구, 도자기, 타일 등을 전시한다.
address C/ Paseo del Tránsito S.N.
telephone 925 22 36 65
url museodelgreco.mcu.es

산토 토메 성당 Iglesia de Santo Tomé
엘 그레코의 작품 〈오르가스 백작의 장례식〉을 볼 수 있다.
address Plaza Conde, 1
telephone 925 25 60 98
url www.santotome.org

산타 크루스 미술관 Museo de Santa Cruz
16~17세기에 이르는 충실한 회화작품을 소장한 미술관으로 엘 그레코의 많은 작품을 볼 수 있다.
address Calle Miguel de Cervantes, 3
telephone 925 22 58 62
url www.patrimoniohistoricoclm.es/museo-de-santa-cruz

콘파테리아 산토 토메

산타 크루스 미술관

한자리에서 만나는 스페인의 거장들
마드리드
Madrid

기차가 마드리드 아토차Atocha 역에 도착했다. 아토차 역은 마드리드에 있는 두 개의 기차역 가운데 하나로 주로 남부 지방의 도시를 연결한다. 기차가 주요 교통수단인 유럽에서는 각국 수도의 기차역이 그 나라의 첫인상을 좌우한다 해도 과언이 아니다. 아토차 역은 유럽에서도 큰 규모를 자랑하는데 처음 도착한 여행자들의 혼을 쏙 빼놓을 만큼 복잡하다. 국제선과 국내선, 그리고 근교선과 지하철 노선이 어지럽게 뒤엉켜 있어 여행자들은 자연스레 관광 안내소를 찾게 된다.

초행길이 아닌 나조차 어디로 나가야 할지 도통 알 수가 없어 결국 관광 안내소를 찾았다. 출구 하나 물으려고 기나긴 줄을 서야 하다니, 조금 짜증이 났지만, 뭐, 어쩌겠는가. 지루한 시간이 지나고 지도와 여행 브로슈어를 챙겨 들고 직원이 알려준 쪽으로 걸어갔다. 금세 눈앞에 낯익은 공간이 나타난다. 기차역 안의 식물원이다. 거대한 기차역의 유리천장 아래에 열대나무들이 울창하다. 다른 구역들과 공기부터 다르고 분위기 또한 조용하다. 사람들은 이곳 둘레에 앉아 친구나 기차를 기다리며 간단히 점심을 해결하기도 한다. 지난 여행 때도 깊은 인상을 받았는데, 기차역 안에 식물원이라니, 정말 멋진 발상이다.

나는 서둘러 숙소로 향했다. 미술관에 갈 생각을 하니 마음이 들뜬다.

마드리드는 유럽의 다른 수도와 비교하면 특별한 볼거리가 있는 도시는 아니다. 그러나 미술을 좋아하는 사람에게는 좀 다르다. 나 역시 프라도 미술관Museo Nacional del Prado에서 마드리드의 매력에 빠졌으니까.

내가 본 마드리드 최고의 전시는 피카소 탄생 125주년과 그의 작품 〈게르니카Guernica〉의 스페인 도착 25주년을 기념하여 열린 특별전이었다. 규모나 작품 하나하나가 정말 대단했다. 벨라스케스나 고야처럼 피카소가 존경해 마지않던 거장들의 그림뿐 아니라 피카소 방식으로 재해석한 작품이 나란히 전시되었다. 이런 수준의 전시회는 피카소라는 걸출한 화가를 낳은 국가에서만 시도할 수 있는, 그러니까 오직 스페인에서만 볼 수 있는 특별전시회다. 솔직히 그 시기에 우연히 마드리드를 방문했었는데 운이 좋았다.

여행은 지역마다 독특한 테마가 있다. 어떤 곳의 테마는 역사고, 어떤 곳의 테마는 음식이다. 그런 면에서 마드리드의 테마는 미술이 아닐까? 16세기 황금시대부터 현대에 이르기까지 스페인 최고의 예술작품을 감상할 수 있으니 말이다. 몇 년 만에 벨라스케스의 그림을 만난다. 마음이 설레기 시작한다.

다음 날, 숙소 근처의 작은 카페에서 간단히 아침을 먹고 서둘러 프라도 미술관으로 향했다. 마드리드에는 두 점의 유명한 그림이 있다. 하나는 국립 소피아 왕비 예술센터에 있는 피카소의 〈게르니카Guernica (1937)〉, 또 하나는 프라도 미술관에 있는 벨라스케스의 〈시녀들Las Meninas (1656)〉이다. 명작을 다시 만날 수 있다고 생각하니 무척 기대된다.

프라도 미술관 입구에는 고야Goya (1746~1828)의 동상이 서 있다. 고야 밑에는 〈옷 벗은 마야La Maja Desnuda〉를 비롯한 고야의 주요작품이 부조로 새겨져 있다. 반대편 문에는 무리요Murillo (1618~1682)의 동상이 서 있는데,

좌 프라도 미술관 입구에 세워진 고야 동상
우 무리요 공원에 세워진 무리요 동상

프라도 미술관 정면에 세워진 벨라스케스의 동상. 상당한 크기로, 스페인 예술의 상징인 프라도 미술관에서
그의 위치가 어디쯤인지 알 수 있게 한다.

식물원Real Jardin Botánico 입구와 맞닿아 있는 작은 무리요 공원에 있다. 그리고 미술관 정면에는 벨라스케스의 동상이 서 있다. 고야나 무리요 동상과는 비교할 수 없는 크기다. 스페인 예술을 대표하는 프라도 미술관에서 벨라스케스의 위치가 어디쯤인지 가늠하게 한다.

디에고 벨라스케스Diego Velázquez (1599~1660)는 펠리페 4세Felipe IV의 궁중화가로 스페인 황금시대를 이끈 화가다. 온갖 우여곡절을 겪으며 죽고 나서야 유명해지는 많은 화가와 달리, 벨라스케스는 왕의 든든한 지원 아래 평생에 걸쳐 부와 명예를 누렸다.

1599년 세비야의 부유한 작은 귀족가문에서 태어난 벨라스케스는 어려서부터 그림에 재능을 보였다. 화가 공부를 충실히 하던 그는 19살에 스승의 딸과 결혼한다. 그 후 마드리드로 올라와 젊은 펠리페 4세의 눈에 들어 24살 나이에 궁중화가가 된다. '궁중화가'는 요즘으로 치면 '대통령 전용 사진사'쯤 되겠다. 그는 왕과 왕족의 모습, 왕국을 방문하는 여러 다른 국가 대표들의 모습뿐 아니라 왕궁을 장식할 그림도 그렸다.

벨라스케스의 〈시녀들〉 앞에는 어김없이 사람들로 북적인다. 〈시녀들〉은 묘한 매력을 발산하는 그림이다. 루브르 박물관에 있는 레오나르도 다빈치의 〈모나리자〉가 신비로운 미소로 사람들의 발길을 끌어당긴다면, 〈시녀들〉은 등장인물들의 시선이 사람들의 호기심을 자극한다. 뭐랄까, 보고 있으면 꼭 수수께끼를 푸는 듯한 느낌이랄까. 이런 이유로 많은 사람이 그림 앞에서 한동안 자리를 뜨지 못한다.

그림의 가운데쯤에는 누가 봐도 주인공임을 알 수 있는 작고 어린 소녀가 있다. 5살의 마르가리타Margarita 공주다. 당시 펠리페 4세는 왕비와 왕자를 잃고, 두 번째 왕비 마리아나를 맞아 마르가리타 공주를 낳았다. 첫째 공주였으니 얼마나 사랑받았을지 짐작이 간다.

그림의 배경은 마드리드 성^{Alcázar de Madrid}의 방 안이다. 그림 속 공주는 어린 나이지만 자세를 꼿꼿이 세우고 기품 넘치는 모습으로 서 있다. 총명해 보이는 눈빛과 야무지게 다문 입술이 인상적이다. 공주의 왼쪽에는 무릎을 꿇은 시녀가 공주에게 금쟁반에 받친 음료를 건네고, 오른쪽의 시녀는 '이 분이 얼마나 고귀한 분인지 아느냐?'는 눈빛으로 우리를 바라본다. 시녀의 오른쪽에는 두 어릿광대가 있고, 그 뒤에는 공주의 유모(또는 수녀)와 보디가드의 모습이 보인다. 그런데 가장 흥미로운 부분은 자세히 보지 않으면 그냥 지나치기 쉽다. 뒤쪽 벽에 작은 거울이 하나 있는데, 그 거울 속에 왕과 왕비의 모습이 비친다. 즉, 왕과 왕비는 우리와 같은 위치에서 공주를 바라본다. 거울 오른쪽에는 한 남자가 방 안을 살펴보고 나가는 듯한 모습으로 그려져 있다.

그림 왼쪽에는 벨라스케스가 그림을 그리다 말고 우리를 바라본다. 가슴에는 산티아고 기사단을 상징하는 붉은 십자가가 있는데, 이는 벨라스케스가 죽은 뒤 펠리페 4세가 그려넣었단다. 재미난 것은 지금부터다. 벨라스케스는 왕과 왕비를 그리는 것일까? 아니면 마르가리타 공주를 그리는 것일까? 또한, 마르가리타 공주는 화가의 모델이 되어 자세를 취하다 시녀의 음료를 받는 것일까? 아니면 화가가 왕과 왕비의 초상화를 그리는 걸 구경하는 것일까? 마찬가지로 왕과 왕비는 모델이 된 공주를 보러 온 것인지 아니면 자신들의 초상화를 그리는 화가를 위해 자세를 취하는 것인지 알 수가 없다. 시선은 마르가리타에서 주변인물로, 그림을 그리는 벨라스케스로, 그리고 왕과 왕비로 옮겨졌다가 방을 나가는 남자의 시선으로 옮겨지면서 사라진다. 이 그림의 제목은 처음에는 '펠리페 4세 가족^{La familia de Felipe IV}'으로 붙여졌으나 나중에 〈시녀들〉로 바뀌었다.

〈시녀들〉은 근현대 유럽 예술가들에게 많은 영향을 끼쳤다. 마네는 벨라스케스를 '화가 중의 화가'로 칭송하였고, 피카소와 달리는 〈시녀들〉을 재해석하여 큐비즘과 초현실주의로 표현해냈다. 굳이 유명한 작가들의 이름을 들먹이지 않더라도 〈시녀들〉은 한눈에 반하게 되는 매력 넘치는 그림이다.

마드리드 궁전을 돌아보고 숙소로 돌아오는 길에 익숙한 광장을 만났다. 몇 해 전, 한 광장에서 날마다 똑같은 시간에 빛의 축제가 열렸다. 빛이 보여주는 마법 같은 느낌이 좋아 일부러 날마다 같은 시간에 그 광장을 지나쳤다. 넓은 광장이 무대가 되고, 클래식 음악이 흐르면 그 음악에 맞춰 영상이 춤을 췄다. 요정 같은 사람들이 흩어졌다 모였다 하면서 환상을 이야기했다. 그때 나는 가던 길을 멈추고 그 광경을 눈에 담았다. 찰칵! 가슴속 사진기로 순간순간을 찍어내 마음속 깊이 간직하던 곳이 바로 이곳이다.

마요르 광장Plaza Mayor은 생기가 넘쳐흘렀다. 광장은 가로 122m, 세로 94m의 직사각형 모양으로 100m 달리기를 해도 될 만큼 충분히 넓다. 1층은 카페와 식당이고, 2층에서 4층은 사람들이 사는 집이다. 사면이 막힌 구조라 사람들의 발길이 뚝 끊기는 밤이면 또각또각 발자국 소리가 온 광장에 울리는 그런 곳이다. 외부로 통하는 보일 듯 말 듯한 아치형 문이 9개 있는데, 어디로 들어왔는지 헛갈리고, 어디로 나가야 할지 역시 헛갈린다. 방향을 잡게 해주는 건 오직 한가운데에 있는 펠리페 3세의 기마상이다. 기마상의 방향을 보고 나갈 문을 기억해두면 된다.

오늘은 그날 밤과는 많이 다른 풍경이다. 광장 주변의 카페와 바는 이미 많은 사람으로 북적이고, 아이들의 웃음소리는 메아리가 되어 울린다. 광장 곳곳에는 거리 퍼포먼스를 하는 사람들이 관광객을 유혹한다. 〈캐

한낮의 뜨거운 태양이 잦아들면 마요르 광장은 활기를 띠기 시작한다. 그중에서도 아이들의 웃음소리가 가장 크게 광장 안을 울린다.

좌 퍼포먼스를 하는 사람들과 웨딩사진을 찍는 커플
우 광장 한켠에는 투우사, 플라멩코 의상을 놓아 기념 촬영을 할 수 있게 했다. 단 유료!

리비언의 해적〉의 잭 스패로우도 있고, 찰리 채플린, 화가, 광대도 보인다. 인형극을 하거나 피아노 연주를 하는 사람도 있다. 스페인 전통의상을 입은 마네킹 몸통을 세워놓은 곳에는 관광객들이 그 위에 머리만 올려 기념사진을 찍는다. 미키마우스 탈을 쓴 부부는 풍선을 들었는데, 아이들이 떼를 쓰며 부모에게 풍선을 사달라고 조른다. 잠시 후 아이는 한 손에 풍선을 쥐고 만족스러운 얼굴로 걸어간다. 어디서나 볼 수 있어서 오히려 정겨운 풍경이다. 그냥 사람구경만 해도 한 시간이 훌쩍 지나간다. 일요일이어서 가족끼리 많이 나왔는데, 넓은 광장은 결혼식을 앞두거나 결혼식을 마치고 들러리와 함께 나온 사람들로 점점 채워져 간다.

지난번처럼 좀처럼 발걸음을 뗄 수가 없다. 아쉬운 마음에 광장 한쪽에 있는 식당에 앉아 이른 저녁을 먹기로 한다. 밥을 먹으며 이번에는 마드리드의 활기를 눈에 담아야지, 그리고 잊지 말아야겠다고 생각한다. 마드리드에서 가장 사랑스러운 곳, 이곳은 마요르 광장이다.

마드리드의 대표적인 명소인 프라도 미술관 앞

가 보 기 ....

마드리드는 스페인의 수도로 교통의 요지다. 항공, 기차, 버스 등 모든 교통편이 있다.

기차 www.renfe.es
마드리드 관광청 www.esmadrid.com

맛 보 기 ....

라 사나브레사 La Sanabresa

현지인과 관광객 모두에게 인기 있는 식당이다. 3코스 메뉴 가격이 30유로 정도다.

address Calle Amor de Dios 12
telephone 914 29 03 38
url www.restaurantelasanabresa.com

레스타우란테 라 카테드랄 카페 Restaurante La Catedral Café

12유로 정도 되는 저렴한 가격에 스페인 코스 요리를 즐길 수 있다.

address C/ San Jeronimo, 16
telephone 915 23 35 56
url www.la-catedral.es

카사 라브라 Casa Labra

마드리드에서 인기 있는 타파스 요리 전문점이다. 다양한 재료로 만든 타파스를 즐길 수 있다.

address Calle Tetuan, 12
telephone 915 31 00 81

머 물 기 ....

마드리드는 메트로폴리탄 도시로 숙소 또한 굉장히 많다. 가장 저렴한 숙소는 호스텔로 호텔처럼 2인실
이 있으며 방은 작지만 깔끔하다. 호텔은 시설에 비하면 비싼 편이다. 숙소를 정할 때는 여행할 장소를
고려하는 것이 좋다.

라 카테드랄 카페

라 카테드랄 카페의 요리

오스텔 코메리시알 Hostal Comercial

address Calle Esparteros 12-2o
telephone 925 21 60 00
url www.hotelesmayoral.com

노 네임 시티 호스텔 No Name City Hostel

address Calle Atocha 45
telephone 913 69 29 19
url www.nonamecityhostel.com

둘러보기.............

프라도 미술관 Museo Nacional del Prado

중세시대부터 19세기에 이르는 8천여 점의 미술작품을 소장하고 있다. 벨라스케스의 〈시녀들〉을 비롯한 스페인 회화작품을 감상할 수 있다.
address Paseo del Prado, s/n
telephone 902 10 70 77
url www.museodelprado.es

티센 보르네미사 미술관 Museo Thyssen-Bornemisza

13세기 회화에서 현대 시기의 작품까지 소장한 미술관이다. 플랑드르, 인상파, 큐비즘 등 다양한 컬렉션을 볼 수 있다. 프라도 미술관 맞은편에 있다.
address Paseo del Prado, 8
telephone 913 69 01 51
url www.museothyssen.org

국립 소피아 왕비 예술 센터 Reina Sofia National Museum and Art Centre

현대 예술작품을 소장하고 있는 박물관으로 피카소의 〈게르니카〉가 이곳에 있다.
address Santa Isabel, 52
telephone 914 67 50 62
url www.museoreinasofia.es

타파스

오스텔 코메리시알

세르반테스의 집

알칼라 데 에나레스

Alcalá de Henares

알칼라 데 에나레스에는 〈돈 키호테Don Quijote de La Mancha(원제 '라 만차의 돈 키호
테', 1605)〉의 작가 세르반테스가 태어난 집이 있다. 세르반테스의 집 박
물관Museo Casa Natal de Cervantes이다. 마드리드에서 기차나 버스로 30분 정도밖에
걸리지 않아 부담 없이 다녀오기에 좋다. 마드리드의 한 카페에서 아침을
든든히 먹고 가벼운 마음으로 알칼라 데 에나레스로 향했다.

알칼라 데 에나레스는 중세시대에 대학도시로 발전한 곳이다. 16세기
에 지어진 산 일데폰소 대학Colegio Mayor de San Ildefonso을 시작으로 메노르 데 산
헤로미노 대학Colegio Menor de San Jerónimo, 레이 대학Colegio del Rey 등 당시만 해도 무려
40여 개의 대학이 있었다니 과연 대학의 도시라 할 만하다. 유서 깊은 건
물에서는 현재에도 학생들이 공부하는데, 그들 역시 굉장히 자랑스러워
할 것 같다.

알칼라 데 에나레스가 또 어떤 역사를 걸어왔는지 궁금해서 찾아보니,
1486년 콜럼버스가 이곳 카사 데 라 엔트레비스타Casa de la Entrevista에서 이사벨
여왕과 항해에 관해 최초로 이야기를 나눴다는 기록이 있다. 또 로마 시
대에는 기독교 박해로 성 후스토Justus와 파스토르Pastor가 이곳에서 순교했
단다. 그러나 무엇보다 이곳은 세르반테스의 출생지로 잘 알려진 곳이다.

기차가 알칼라 데 에나레스 역에 도착했다. 버스 터미널보다 기차역이

구시가지에서 멀기 때문에 조금 걸어가야 한다. 구시가지 안내 표지판을 쫓으며 큰길을 따라 걷기 시작했다. 잠시 뒤 구시가지를 상징하는 울퉁불퉁한 돌바닥 길이 나타나자 사람들 소리가 들렸다. 세르반테스의 집으로 이어지는 큰길 양쪽에는 각종 상점과 식당, 카페가 늘어서 있다. 마침 시에스타가 시작되자 모든 가게가 경쟁하듯 문을 닫기 시작한다. 차르르 철문 내리는 소리가 여기저기서 들리고, 조용히 열쇠로 문을 잠그고 총총걸음으로 사라지는 사람도 있다. 스페인에서 일한다면 하루 중 시에스타를 얼마나 고대하게 될까 생각하니 입가에 미소가 절로 피어오른다.

그러나 웃음도 잠깐, 갑자기 세르반테스의 집도 문을 닫으면 어쩌나 하는 걱정이 든다. 팔로스 데 라 프론테라에서 시에스타로 장장 3시간을 기다린 기억이 되살아나 식은땀이 난다. 나는 빠른 걸음으로 걷다가 아예 달리기 시작했다. 순식간에 세르반테스의 집에 도착했다. 헐떡이는 심장을 부여잡고 문이 닫혔는지 먼저 확인한다. 열려 있다! 한숨 돌리고 집 밖에 붙여진 운영시간을 확인하니 세르반테스의 집은 시에스타가 없다. 스페인에서 시에스타가 없는 곳은 대도시밖에 없는데 정말 다행이다. 입장료도 없다. 세르반테스의 집을 찾는 관광객들에게 1유로씩만 받아도 어마어마할 텐데. 위대한 작가를 배출한 스페인의 여유를 느낄 수 있었다.

미겔 데 세르반테스 사베드라Miguel de Cervantes Saavedra(1547~1616)는 하급 귀족 출신의 의사인 아버지와 평범한 어머니 사이에서 7남매 중 넷째로 태어났다. 요즘이야 의사가 누구나 부러워하는 돈 잘 버는 직업이지만, 중세시대 의사는 그런 대접을 받지 못했다. 빚에 쪼들리는 가난한 집안 형편 탓에 세르반테스는 정규교육을 받지 못했는데, 온 식구가 바야돌리드, 코르도바, 세비야, 톨레도 등으로 자주 이사를 다녀야 했다.

세르반테스는 20대 초반에 성직자의 시종으로 일하다가 같은 해 군인

알칼라 데 에나레스는 콜럼버스와도 인연이 있다. 이곳에서 이사벨 여왕과 항해에 관해 최초로 이야기를 나눴다.

마드리드 에스파냐 광장에 있는 돈 키호테와 산초의 동상

이 되어 이탈리아로 떠난다. 세르반테스는 주로 이탈리아 나폴리 주변에서 복무했는데, 1571년 레판토 해전$^{Batalla de Lepanto}$에 참전했다 상처를 입고 더는 왼쪽 팔을 쓰지 못했다. 그러나 6개월간 병원 신세를 진 후에도 계속해서 군인생활을 이어가는데, 이번에는 알제리 해적에게 납치된다. 군인생활보다 몇 배나 더 긴 장장 5년간의 노예생활이 시작됐다. 불운의 연속이다. 당시 알제리 해적은 유럽인을 납치하는 것으로 악명이 높았다. 보통해적은 마을이나 배를 약탈한다고 알려져 있지만, 알제리 해적은 몸값을 목적으로 유럽인을 납치했다. 부자들은 가족이 돈을 주고 데려올 수 있었지만, 가난한 세르반테스는 종교단체의 도움으로 5년 만에야 겨우 고향으로 돌아올 수 있었다.

고향에 돌아온 세르반테스는 이번에는 스페인을 여행하기 시작한다. 그리고 결혼도 한다. 그 이듬해에는 〈라 갈라테아$^{La Galatea}$〉라는 첫 소설을 출간하는데, 그가 소설가가 된 것은 순전히 돈 때문이었단다. 그는 세금 징수원으로도 일했는데 돈 문제로 고발을 당하는 바람에 3년간 세비야에서 죄수생활을 하기도 한다. 감옥에서 나온 세르반테스는 바야돌리드로 이사해 책을 쓰기 시작하는데, 그 책이 바로 오늘날 최초의 근대소설이라 일컫는 〈돈 키호테〉다.

만약 세르반테스가 20대 때부터 군인, 노예, 죄수로 살아보지 않고, 스페인 곳곳을 여행하며 온갖 풍파를 겪지 않았다면, 〈돈 키호테〉라는 소설을 그토록 실감나게 쓸 수 있었을까? 역시 다양한 경험은 성공의 가장 든든한 밑거름이라는 생각이 든다. 세르반테스는 10년 뒤 속편인 〈라 만차의 재치 있는 신사, 돈 키호테$^{El Ingenioso Caballero don Quijote de la Mancha}$(1615)〉를 세상에 내놓고 그 이듬해 4월 23일 세상을 떠났다. 스페인 사람들은 재치와 풍자와 유머가 넘치는 그의 글솜씨에 반해 '재치의 왕자'라는 별명을 지어주었다.

세르반테스의 집은 관광객들로 가득했다. 연간 15만 명이 다녀가는 곳이란다. 가장 눈에 띄는 것은 스페인 단체 관광객으로 특히 학생들이 많았다. 아이들을 통솔하는 선생님의 눈빛과 말투에서 자국의 세계적인 작가를 대하는 자부심을 읽을 수 있었다. 그런데 세르반테스 집안은 굉장히 가난했다는데 박물관은 전혀 그런 분위기가 아니다. 파티오가 있는 2층 집으로 잘 단장된 모습이다. 세르반테스가 태어난 집을 그대로 보존한 줄 알았건만, 16~17세기의 부유층 집을 리모델링한 것이란다. 세르반테스에 관한 설명이나 자료가 없는 건 아니었지만, 침실과 부엌, 거실 등이 세르반테스의 삶과는 전혀 관계가 없어 보여 아쉬웠다.

집 밖에는 관광객들의 사랑을 한몸에 받는 돈 키호테와 산초의 벤치가 있다. 벤치 가운데 자리가 비어 있고 그 양옆에 산초와 돈 키호테가 앉아 있다. 산초는 무언가 마음에 들지 않는지 뾰로통한 얼굴로 팔짱을 끼고 있고, 돈 키호테는 한 손에 창을 들고 산초를 설득하는 모습이다. 두 주인공의 캐릭터가 잘 드러나는 유쾌한 청동상이다. 관광객들은 이 둘 사이에 앉아 한껏 웃음을 짓는다. 중간에 앉아 대화에 끼어드는 체하기도 하고, 돈 키호테가 친한 친구인 듯 어깨동무를 하기도 한다. 사람들이 너무 많아 사진을 찍으려면 한참을 기다려야 하는데도 모두 웃는 얼굴이다. 돈 키호테의 인기는 옛날이나 지금이나 여전한가 보다. 그래서 기분이 좋다.

세르반테스의 집을 나와 쇼핑가로 이어진 길을 좀 더 걸어갔다. 작은 광장이 나타났다. 세르반테스 광장이다. 광장은 이미 이글거리는 한낮의 열기로 뜨겁게 달궈져 비둘기 한 마리 보이지 않는다. 그런데 이 광장 한 구석에 문을 연 작은 상점이 있다! 나는 눈을 의심했다. 시에스타 시간에 문을 열다니, 깜짝 놀라 가까이 가려는 찰나, 광장에 내놓은 테이블과 의

자를 후다닥 치우더니 문을 닫는다. 아이고, 그러면 그렇지……

광장에는 알칼라 데 에나레스 대성당Catedral de los Santos Niños Justo y Pastor de Alcalá de Henares이 있다. 304년 로마 시대에 종교적 박해로 순교한 성 후스토와 파스토르의 유골이 안장된 성당이다. 종교적 박해라고는 하지만, 두 성인은 당시 9살과 7살밖에 안 된 어린아이였다고 한다. 그 뒤 414년에 이들을 기리는 예배당을 세운 것이 6세기에 성당으로 지어졌다. 그러나 이슬람교도가 이 지역을 점령하면서 파괴되었다가 다시 건설되었다.

후기 고딕 양식과 르네상스 양식을 보이는 현재의 성당은 1436년에 짓기 시작해 1517년에 완공했다. 성당 내부를 돌아보고 싶었지만, 시에스타로 굳게 닫힌 문 앞에서는 어쩔 수 없었다. 함께 이곳으로 걸어온 미국 관광객 둘도 아쉬워하며 발길을 돌린다. 단단하게 닫힌 성당 문 밖에는 누군가의 결혼식이 있었는지 쌀과 꽃잎이 뿌려져 있다. 사방이 고요하다. 시에스타의 스페인은 사람이 살지 않는 도시 같다. 이제 마드리드로 돌아가야겠다.

한국으로 돌아와 세르반테스의 죽음과 관련해 한 가지 흥미로운 사실을 발견했다. 영국이 낳은 세계 최고의 극작가인 윌리엄 셰익스피어William Shakespeare(1564~1616)의 사망일과 세르반테스의 사망일이 똑같았다. 이 때문에 2009년 유네스코는 4월 23일을 세계문학의 날International Day of the Book로 선포하며 이렇게 말했다.

"1616년 4월 23일은 세르반테스, 셰익스피어가 세상을 떠난 날이다. 동시에 이 날은 모리스 드뤼옹Maurice Druon, 락스네스K. Laxness, 나보코프Vladimir Nabokov, 조셉 플라Josep Pla ou Manuel, 바예호Manuel Mejia Vallejo가 세상에 태어난 날이기도 하다."

세르반테스와 셰익스피어의 사망일이 같다니! 처음에 나는 굉장히 흥

세르반테스의 집. 세르반테스가 태어났을 당시의 집은 아니고 세르반테스의 집터에 세
워진 16~17세기 부유한 귀족의 집을 리모델링한 것이다.

세르반테스의 집 밖에는 관광객들의 사랑을 한 몸에 받는 돈 키호테와 산초의 벤치가 있다. 수많은 관광객들 때문에 줄을 서야 사진을 찍을 수 있다.

시에스타에 유일하게 영업을 하는 곳은 오직 바와 식당뿐이다

알칼라 데 에나레스 성당 밖에 뿌려져 있던 쌀과 꽃잎

분했지만, 사실 이들의 사망 날짜는 서로 다르다. 당시는 그레고리력(현재의 양력)과 율리우스력(율리우스 카이사르가 로마 공화력을 개정한 역법)이 공존하던 때로 율리우스력에서 점차 그레고리력으로 교체되던 시기였다. 세르반테스는 그레고리력으로 4월 23일에 사망했지만, 셰익스피어는 율리우스력으로 4월 23일에 사망했다. 그레고리력으로 따지면 셰익스피어의 사망일은 5월 3일이 된다. 같은 날이 아닌 것이다. 저명한 두 문학가가 같은 날 숨을 거둔 우연의 일치에 호들갑을 떨었는데, 그게 아니라니 조금 아쉽다.

나중에 사실이 밝혀졌다지만 유네스코조차 이런 실수를 하다니, 역시 사람이 하는 일에는 실수가 있기 마련이다. 문득 '세계문학의 날'의 선포를 담당한 유네스코 직원은 어떻게 되었을까 궁금해졌다. 설마 잘리지는 않았겠지.

가 보 기 ....

마드리드의 아토차 역에서 근교선Cercanías Líneas C-1, C-2y C7A가 가는데, 35분 정도 걸린다. 버스는 아베니다 데 아메리카 터미널에서 출발하는데 45분이 걸린다.

기차 www.renfe.es
알칼라 데 에나레스 관광청 www.alcalaturismo.com

맛 보 기 ....

인달로 Indalo

현지인에게 인기 있는 타파스 전문점이다. 타파스 외에도 몇 가지 메뉴가 더 있어 식사도 간단하게 할 수 있다.
address Calle Libreros, 9
telephone 91 882 44 15

둘 러 보 기 ....

세르반테스의 집 박물관 Museo Casa Natal de Cervantes

16~17세기의 부유층 집을 리모델링하여, 세르반테스의 집을 재현해낸 곳이다. 구시가지에 위치해 있으며 입장료는 따로 받지 않는다.
address C/ Mayor, 48
telephone 91 889 96 54
url www.museo-casa-natal-cervantes.org

알칼라 데 에나레스 역

세르반테스의 집 박물관

돈 키호테의 풍차 마을
캄포 데 크립타나
Campo de Criptana

예전에 톨레도 관광 안내소에서 '돈 키호테 루트^{Ruta de Don Quijote}'라는 흥미로 운 브로슈어 한 장을 발견한 적이 있다. 당시 돈 키호테 탄생 400주년을 기념하여 대대적인 행사를 준비 중이었는데, 톨레도 전체가 그 포스터로 도배되다시피 했다. 당시에 난, 전 세계인에게 골고루 사랑받는 가공인물 가운데 과연 돈 키호테만큼이나 동상으로 많이 만들어진 인물이 또 있을 까 하고 생각했다. 도대체 어떤 매력이 있는 건지 궁금했다. 그래서 한국 으로 돌아와 〈돈 키호테〉 완역판을 탐독했다. 그 뒤 다시 스페인에 가면 돈 키호테 루트를 돌아보리라 마음먹었는데, 드디어 때가 온 것이다.

가난한 세르반테스는 글을 써서 생계를 이어갔다. 그가 1605년에 발표 한 〈돈 키호테〉는 출간과 동시에 날개 돋친 듯 팔려나갔다. 당시 길거리 에서 웃는 사람은 '미친 사람 아니면 세르반테스의 〈돈 키호테〉를 읽는 사람'이라고 할 정도로 인기였다. 그리고 10년이 지난 1615년, 세르반테 스는 속편 〈라 만차의 재치 있는 신사, 돈 키호테〉를 세상에 내놓고 1년 뒤인 1616년에 세상을 떠났다.

〈돈 키호테〉의 내용은 간단하다. 기사^{騎士}에 관한 책을 너무 많이 읽어 정신이 이상해진 주인공 알론소 키하노^{Alonso Quijano}가 자신을 '돈 키호테'라 는 이름의 기사로 착각하고 세상을 여행하며 겪는 모험담이다. 이 여행길

돈 키호테 루트는 꽤 방대한 지역을 아우른다. 자동차로 여행하기에 좋다.

캄포 데 크립타나 기차역은 황량하기 그지없었다.

에 함께 오른 또 다른 주인공의 이름이 바로 산초 판사^{Sancho Panza}. 산초는 충직한 하인으로 정신 나간 주인을 지키려고 길을 나선다.

〈돈 키호테〉는 영화로 치면 로드 무비라고 할 수 있다. 돈 키호테와 산초가 돌아본 길은 무려 2,500km에 달한다. 마드리드에서 가까운 라 만차에 살던 돈키오테가 멀리 사라고사^{Zaragoza}와 바르셀로나까지 다녀왔으니 전체 여행길을 합하면 그 정도는 충분히 될 것이다. 이 길은 '돈 키호테 루트'로 개발되어 '순례자의 길'처럼 표지가 세워졌는데, 진한 초록색 바탕에 'X' 표시가 되어 있다.

돈 키호테 루트와 소설 〈돈 키호테〉를 비교해보면 사건이 벌어진 마을이 현실로 튀어나오는 즐거운 경험을 할 수 있다. 이를 직접 가보는 것 또한 〈돈 키호테〉 팬들에게는 가슴 떨리는 즐거움이다. 〈돈 키호테〉의 주 무대는 카스티야-라 만차^{Castilla-La Mancha} 지방이다(돈 키호테는 책에서 "나는 라 만차의 돈 키호테다." 하고 자신을 소개한다). 책에는 알카사르 데 산 후안^{Alcázar de San Juan}, 콘수에그라^{Consuegra}, 쿠엥카^{Cuenca}, 시우다드 레알^{Ciudad Real} 등 수많은 마을이 나오지만, 그중에서 가장 유명한 마을은 돈 키호테가 무기를 든 거인으로 착각하여 풍차와 전투를 벌이는 캄포 데 크립타나다. 또 알돈사 로렌소^{Aldonza Lorenzo}를 둘시네아^{Dulcinea}로 착각하여 일이 벌어지는 '둘시네아의 집'이 있는 엘 토보소^{El Toboso}와 돈 키호테 박물관^{Don Quixote Museum}이 있는 시우다드 레알이 있다. 여행을 준비할 때는 톨레도나 마드리드에 가면 돈 키호테와 관련한 1일 투어나 1박 2일 투어가 당연히 있을 줄 알았는데, 막상 문의해보니 그런 투어는 없단다. 있다면 주로 자동차로 여행하는 루트라고 했다. 나처럼 대중교통을 이용하는 여행자에게는 그림의 떡이다. 대중교통으로 갈 수 있는 마을을 물었더니 캄포 데 크립타나를 추천해준다. 루트를 모두 돌아볼 수 없어 아쉬웠지만, 그곳이라도 찾아가기로 한다.

지도를 보면 톨레도에서 가까워 한 번에 가는 버스가 있을 줄 알았는데, 마드리드로 가야 한단다. 방법이 그뿐이라면 할 수 없다. 나는 톨레도에서 마드리드로 가서 기차를 타고 캄포 데 크립타나로 향했다. 완행기차라 정말 느릿느릿 간다. 어쨌든 1시간 50분 만에 기차역에 도착했다. 내리자마자 황량한 풍경에 적잖이 당황했다. 기차역에는 역무원이 없고 여기저기 아무렇게나 낙서가 돼 있어 마치 버려진 곳 같았다. 같이 내린 사람은 나를 포함하여 딱 셋인데, 길을 물어볼 새도 없이 역 앞에 대기하던 차에 올라타더니 순식간에 사라진다. 택시조차 보이지 않는다. 나는 시내 쪽으로 무작정 걷다가 주민들의 도움으로 해가 질 무렵에야 낡은 숙소에 짐을 내려놓았다. 오늘도 여느 때처럼 온종일 이동만 한 하루다. 다음에 찾게 된다면 마드리드에서 당일치기로 다녀오는 게 좋겠다.

날이 밝았다. 아침을 먹으러 1층으로 바로 내려가니 주인아주머니가 반갑게 인사를 건넨다. 숙소 앞 작은 광장은 시야가 넓어 좋았다. 광장 입구에 세르반테스 동상이 있어 더욱 반갑다. 주문한 스페인식 아침이 나왔다. 바삭하게 구운 바게트에 올리브유와 토마토가 발라져 있고, 우유를 탄 커피가 함께 나온다. 시골이라 그런지 아침 식사가 다른 도시의 커피 한 잔 값이다. 생각지 못한 저렴한 가격에 금세 기분이 좋아진다.

주인아주머니에게 풍차가 어디에 있느냐고 물었다. 언덕으로 난 길을 알려준다. 여기도 지대가 꽤 높은데 더 올라가야 한단다. 오늘 마드리드로 떠나야 해서 짐을 맡기고 언덕을 향해 걷기 시작했다. 사진에서 보던 새하얀 주택가가 나타났다. 혹시나 길을 잘못 든 게 아닌가 싶어 주민에게 두어 번 길을 물었다. 아이들이 내 스페인어를 알아듣고 방향을 가리키는 모습이 참 귀엽다.

새하얀 마을 사이로 풍차가 보였다. 돈 키호테도 나처럼 이렇게 풍차를 발견했을 것이다.

잠시 뒤 드디어 거대한 풍차들이 내 시야에 들어온다. 〈돈 키호테〉 8장에 등장하는 바로 그 풍차다. 언덕 위로 부는 바람에 풍차가 천천히 돌기 시작한다. 구름 한 점 없는 새파란 하늘 아래, 하얀 몸체의 풍차들이 참으로 장관이다. 어제 톨레도에서 여기까지 오느라 고생했는데, 과연 힘들게 온 보람이 있다. 잠시 하얀 풍차를 바라보는데 저편에서 한국인의 목소리가 들려온다. 나는 깜짝 놀랐다. 좀처럼 오기 힘든 이런 곳에서 한국인을 만나게 되다니. 단체 관광객이었다. 그런데 그들은 버스에서 내려 단체사진을 찍고는 금방 버스를 타고 사라졌다. 잠시 뒤에는 일본 관광객들이 우르르 내렸다.

라 만차 지역의 상징인 캄포 데 크립타나의 풍차는 16세기에 등장했다. 네 개의 거대한 풍차 날개가 바람의 힘으로 돌아가면서 밀을 빻는 데 쓰였단다. 흰색의 원통형 몸체에 얹어진 고깔 모양 지붕이 덩치와 어울리지 않게 귀여운 구석이 있다. 내부는 총 3층으로 1, 2층은 밀가루를 저장하는 곳이고, 3층에는 밀을 빻는 기계가 있다. 풍차가 가장 많을 때는 32개나 됐는데 지금은 10개 정도만 남아 있단다. 16세기 초에 만들어진 풍차가 세 개나 있다는데, 모두 새하얗게 칠해져 있어 어느 게 옛날 것인지 통 모르겠다.

풍차들이 생각보다 넓은 지역에 드문드문 있어 산책할 겸 한 바퀴 돌아보기로 했다. 그런데 뜨거운 태양을 쐬며 산책한다는 게 쉬운 일이 아니다. 금세 손등이 따끔따끔하다. 아까 관광객들이 풍차 앞에서 사진만 찍고 얼른 가버린 까닭이 이것 때문이었나? 강아지랑 산책하러 나온 마을 사람들은 태양을 피해 풍차 그늘에서 이야기를 나눈다. 한 남자는 키가 꽤 컸는데 풍차 밑에 있으니 장난감처럼 작아 보인다. 생각보다 큰 덩치를 자랑하는 풍차를 다시 한 번 올려다본다.

돈 키호테는 산초와 함께 캄포 데 크립타나의 언덕을 올라 거대한 풍차가 도는 모습을 보고 거인으로 생각한다. 그러고는 거인이 무기를 들고 자신을 공격한다며 잔뜩 흥분한 채 맞서 싸운다. 17세기 독자들은 이런 모습에 폭소를 터뜨렸을 것이다. 미친 영감이 혼자 풍차에 대고 하는 짓이 얼마나 웃겼을까. 그러나 사람들의 웃음보를 터뜨리게 한 그때 그 장면이 지금은 전혀 다르게 해석되기도 한다. 돈 키호테가 풍차를 향해 돌진하는 장면에서 현대인은 다윗과 골리앗의 싸움을 떠올린다. 거대권력에 무릎 꿇지 않고 당당히 맞서는 용맹한 정신을 떠올리는 것이다.

러시아의 소설가 투르게네프(Turgenev)(1818~1883)는 인간 유형을 크게 두 가지로 나눈다. 하나는 '사느냐 죽느냐 그것이 문제로다.'처럼 고민하는 우유부단한 햄릿형, 다른 하나는 다소 무모할지라도 자신의 이상을 향해 가열차게 돌진하는 돈 키호테형이다. 누가 봐도 질 싸움에 도전하는 부류의 사람은 과연 세상에 얼마나 있을까? 아니, 지는 정도가 아니라 자신의 목숨을 내놓아야 하는 상황이라면 사람들은 또 얼마나 나설 수 있을까?

돈 키호테는 책 속에서만 존재하는 인물이 아니다. 20세기 가장 완벽한 인간으로 추앙받는 체 게바라. 그는 어쩌면 현실 속의 돈 키호테가 아닐까? 그는 피델 카스트로와 쿠바 혁명을 성공으로 이끈 뒤, 현실에 안주하며 살아갈 수 있었지만, 모든 걸 내려놓고 자신의 이상을 위해 또 다시 혁명의 길을 선택한다. 그리고 볼리비아의 산악지대에서 게릴라로 활동하다 39살의 젊은 나이에 생을 마감한다. 비록 일찍 세상을 떠났지만, 체 게바라는 전 세계인의 이상이 되어 지금까지 넘치는 존경과 사랑을 받고 있다.

17세기, 사람들의 웃음거리였던 돈 키호테. 그러나 지금 돈 키호테는 불가능에 맞서 도전하는 사람, 비록 질게 뻔한 싸움일지라도 자신의 신념

좌 볼리비아 바예 그란데에 있는 체 게바라의 무덤. 주변에 꽃들이 놓여있다.
우 볼리비아 이게라에 있는 체 게바라의 동상. 체 게바라는 게릴라로 활동하다 이곳에서 총살당했다. 아마도 그는 현실 속의 돈 키호테가 아닐까.

을 따르며 용기를 내는 그런 인물을 대표한다. 대부분의 사람들은 돈 키호테를 미친 사람으로 취급했지만, 세상은 무언가에 미친 사람들에 의해 오늘도 진보한다.

그 꿈 이룰 수 없어도
싸움 이길 수 없어도
슬픔 견딜 수 없다 해도
길은 험하고 험해도

정의를 위해 싸우리라
사랑을 믿고 따르리라
잡을 수 없는 별일지라도
힘껏 팔을 뻗으리라

이게 나의 가는 길이요

희망조차 없고 또 멀지라도
멈추지 않고, 돌아보지 않고,
오직 나에게 주어진 이 길을 따르리라
내가 영광의 이 길을 진실로 따라가면
죽음이 나를 덮쳐 와도 평화롭게 되리

세상은 밝게 빛나리라
이 한 몸 찢기고 상해도
마지막 힘이 다할 때까지
나의 저 별을 향하여

－뮤지컬 〈돈 키호테〉 中에서

가보기 ....

톨레도에서 가깝지만 바로 가는 노선은 없다. 반드시 마드리드를 거쳐야 한다. 마드리드에서 기차로 1시간 50분이 걸린다.

기차 www.renfe.es
캄포 데 크립타나 관광청 www.campodecriptana.info

머물기 ....

오스페데리아 카사 데 라 토레시야 Hospedería Casa de la Torrecilla

캄포 데 크립타나에는 호텔이 단 두 개밖에 없다. 그중 하나로 깔끔한 편이다. 저렴한 가격에 스페인식 아침 식사를 할 수 있다.

address Cardenal Monescillo, 17
telephone 926 58 91 30
url www.casadelatorrecilla.com

둘러보기 ....

풍차 언덕 Sierra de los Molinos

이곳에 왔다면 반드시 해야 할 일. 〈돈 키호테〉에 등장한 풍차를 보는 것. 라 만차 지역의 상징인 언덕 위의 풍차를 바로 이곳에서 볼 수 있다.

address Barbero, 1
telephone 926 56 22 31

〈돈 키호테〉 출간 400주년 기념 기차

구시가지 중심가

Santiago de Compostela

갈리시아와
바스크 지방

Bilbao

천 년의 순례길

산티아고 데 콤포스텔라

Santiago de Compostela

자정에 가까운 시간이다. 낮고 습한 기운이 온몸을 감싸온다. 나는 좁고 어두운 골목길을 빠른 걸음으로 걷고 있다. 낮에는 관광객들로 북적였을 이 길이 지금은 내 숨소리와 발걸음 소리밖에 들리지 않는다. 걸음이 점점 더 빨라진다.

얼마나 시간이 흘렀을까. 좁은 골목길이 끝나고 탁 트인 광장이 나타났다. 안도의 숨이 터진다. 웅성거리는 사람들의 말소리와 밝은 불빛이 반갑다. 그리고 빛으로 둘러싸인 산티아고 대성당Catedral de Santiago de Compostela이 내 앞에 모습을 드러냈다.

조명을 받은 장엄한 성당이 눈부신 자태를 뿜어낸다. 낮에는 눈에 띄지 않았을 벽면의 연둣빛 이끼가 지난 세월을 말해준다. 성당 꼭대기에 있는 동상은 그때 내게 그랬던 것처럼 조용히 나를 맞아준다.

얼마 만인가. 답답한 마음에 걸어야겠다고 무작정 '순례자의 길'을 시작했을 때가 벌써 6년 전이다. 그때, 나는 길다면 길고 짧다면 짧은 한 달을 보내고 울컥하는 감동으로 이 산티아고 대성당을 마주했다. 언제 이곳에 또 올 수 있을까 싶어 발걸음을 떼지 못하던 때가 엊그제 같다. 그런데 오늘 이렇게 또다시 성당을 마주하다니 꿈만 같다.

최근 들어 국내에 걷기여행 붐을 일으킨 원조가 다름 아닌 이곳 산티아고의 '순례자의 길'이다. 순례자의 길은 스페인어로 '카미노 데 산티아고 Camino de Santiago'라고 부른다. '산티아고의 길'이라는 뜻이다. 산티아고는 성 야고보의 스페인 이름이다. 예수의 부활 이후, 야고보는 복음을 전파하고 자 현재 이스라엘 지역과 당시 세상의 끝이라고 여겨지던 스페인 지역까 지 걸어갔다고 한다. 그러다 기원후 44년 예루살렘에서 참수형으로 예수 의 열두 제자 가운데 가장 먼저 순교한다. 야고보의 머리는 현재 예루살 렘의 성 야고보 성당에 안장돼 있다. 그런데 당시 그의 몸은 제자들이 거 둬들여 적당한 장소를 찾아 배를 타고 어디론가 떠났단다. 정처 없이 떠 돌던 배는 현재의 갈리시아의 한 항구에 도착했고, 야고보의 시신은 현지 인들의 도움으로 한 언덕에 묻혔다.

그 뒤 몇백 년이 흐르고 813년(또는 820~830년 사이), 어느날 은둔자 펠 라요Paio가 하늘에서 상서로운 별빛이 빛나는 것을 알아채고 별빛이 가리 키는 곳을 따라갔다. 그곳에는 야고보의 무덤이 있었다. 당시 아스투리아 스 왕이던 알폰소 2세는 그곳에 최초의 예배당을 짓도록 한다. 그때가 834 년이었는데, '산티아고 데 콤포스텔라'라는 지명 또한 그때 지어졌다. 콤 포Compo는 라틴어 '콤푸스Campus(들판)', 스텔라Stela는 라틴어 '텔래Steilae(별들)' 에서 온 말로, '별들의 들판'이란 뜻이다. 이후 알폰소 3세는 899년에 새 로운 성당을 완공했으나 997년 이슬람 세력의 침략으로 파괴되었다. 현재 의 대성당은 세 번째 지어진 것으로 1003~1075년에 지어졌다가 현재까 지 보수, 증축된 형태다. 성당 안에는 야고보의 유골이 모셔져 있다.

산티아고 데 콤포스텔라가 기독교 성지로서 많은 순례자를 맞이하게 된 데에는 그만한 사연이 있다. 당시는 이슬람과 기독교 세력이 서로 으 르릉거리며 싸우던 때였다. 그런데 844년 발발한 클라 비 전투에서 스페 인군 앞에 야고보가 나타나 이슬람군을 무찌른 기적이 일어났단다. 이 기

자정 무렵의 산티아고 대성당. 낮에는 눈에 띄지 않았던 벽면의 연둣빛 이끼가 지난 세월을 말해준다.

적에 관한 소문은 순식간에 스페인 곳곳으로 퍼져 나갔고, 사람들 마음속에는 산티아고 데 콤포스텔라를 향한 성심이 크게 자리 잡았다. 이를 계기로 산티아고 데 콤포스텔라는 새로운 순례지로 주목받기 시작했다. 온몸에 퍼진 혈관이 심장에까지 이어지듯 이곳 순례지로 향하는 유럽의 길은 수백 개에 이르렀다. 전 유럽에서 순례자들이 찾기 시작하면서 산티아고 데 콤포스텔라는 이스라엘의 예루살렘, 이탈리아의 로마와 함께 세계 3대 성지가 되었다.

그러나 근세와 현대로 들어오면서 이곳 성지는 점차 잊혀졌다. 과학이 발달하고 종교의 힘이 중세 때와 비교할 수 없이 약해졌기 때문이다. 그러다 브라질의 작가 파울로 코엘료가 1987년 〈순례자〉를, 그 이듬해에는 〈연금술사〉를 발표했는데, 두 소설 모두 산티아고의 순례 이야기를 다루고 있다. 〈순례자〉는 순례자 길에 관한 직접적인 이야기이며, 〈연금술사〉는 순례자 길에 관해 간접적으로 이야기를 풀어놓은 어른을 위한 동화라고 할 수 있다.

코엘료의 소설이 선풍적인 인기를 끌면서 잊혀가던 '산티아고의 길'도 기지개를 켜고 다시 세상에 나타났다. 코엘료가 그 길을 걷던 당시 1년에 400명이 걸었다면, 책이 인기를 얻은 뒤에는 하루 400명이 순례자의 길을 걷기 시작했단다. 코엘료의 소설에 매료된 사람이라면 누구나 이 길에 호기심과 로망을 품는다. 코엘료의 말처럼, '평범한 사람들도 걷는 길'을 향해서! 길은 누구에게나 열려 있다. 종교적이든 자신의 성찰을 위해서든 아니면 단순히 건강을 위해서든 목적에 상관없이 열려 있다. 6년 전 내가 걷기 시작했을 무렵이 바로 그랬다.

자정이 훌쩍 지나고 있었다. 나는 예약해둔 호텔로 서둘러 발걸음을 옮

과거 수도원이었던 호텔의 내부와 내부에서 바라본 바깥 풍경

겄다. 오래된 수도원을 고쳐 만든 것으로 호텔 이름은 오스페데리아 산 마르틴 피나리오Hospederia San Martin Pinario다. 이 수도원은 16세기 말부터 200여 년에 걸쳐 지어진 바로크 양식의 건물이다. 마드리드 근교의 엘 에스코리알El Escorial 수도원에 이어 스페인에서 두 번째로 큰 수도원이기도 했단다. 본디 베네딕트 수도사들이 머물던 곳이었지만, 19세기부터는 산티아고 신학교, 신학 연구소, 주거지로 쓰였단다.

체크인하고 엘리베이터를 타고 올라갔다. 방문을 열자 소박한 방 안이 다소곳이 나를 맞는다. 한쪽에는 검소한 침대가 놓여 있고, 창가에는 앉을 공간이 있다. 지난날, 수도사들은 이곳에 무릎을 꿇고 두 손 모아 기도했겠지. 침대 머리맡에는 조개 모양 장식이 달렸는데, 순례자를 상징하는 가리비다. 역시 순례자를 위한 숙소구나 싶다. 씻자, 그리고 푹 자고 일어나서 내일 다시 산티아고 대성당에 가야지. 피곤함이 눈꺼풀을 사정없이 내리누른다.

다음 날, 호텔에서 아침을 먹고 곧바로 산티아고 대성당으로 향했다. 심장이 두근거리는 소리가 귀에까지 들려온다. 산티아고의 길은 세계인들로 하여금 몇백 킬로미터에서 몇천 킬로미터까지 걸어오게 하는 힘이 있다. 비행기와 열차, 자동차와 버스가 버젓이 다니는 21세기에 걸어서 목적지로 가다니! 그것도 일부러 사서 고생하면서! 이 길에 관심 있는 사람만이 이 같은 마음을 헤아리리라 생각하니 빙그레 웃음이 나왔다. 예전에 기차에서 만난 사람이 떠올랐기 때문이다. 그는 내가 이곳에서 800km를 걸었다고 했더니 황당한 얼굴을 했다. 그러더니 힘들게 뭐 하러 걷느냐며 나보고 미친 게 틀림없다고 했다. 맞아, 어쩌면 우리는 미칠 만큼 걷고 싶었는지 모른다.

흔히 순례자 길의 가장 하이라이트는 당연히 순례길의 최종 목적지인

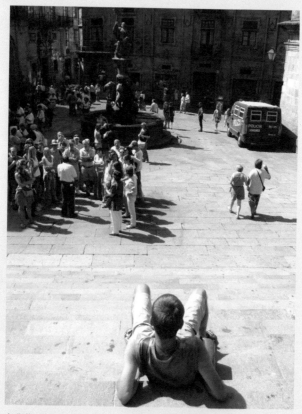

순례자는 산티아고에 도착하는 순간, 현실세계로 돌아온다. 관광객들을 바라보는
순례자의 모습

산티아고에 도착한 순례자들은 주변 사람들과 감동을 함께 나눈다.

산티아고 대성당이라고 생각한다. 맞는 말이다. 그러나 내가 생각하는 하이라이트는 조금 다르다. 내게는 성당 문 앞의 난간에서 광장으로 속속 도착하는 순례자들의 얼굴을 보는 것이 하이라이트다. 성당 안에 고이 모셔둔 성 야고보의 유골함을 보는 것보다 순례자들의 얼굴을 보는 것이 더 감동적이다.

오전부터 순례자들이 하나둘씩 도착하기 시작했다. 서양인 특유의 핏기 없이 새하얗던 그네들의 얼굴이 하나같이 발갛게 익은 모습이다. 걸음걸이 역시 어딘가 불편한 듯 느리고 조심스럽기 그지없다. 하지만 힘들고 피곤해 보이는 육체와 달리, 그들의 눈빛은 반짝반짝 빛난다. 이 세상 무엇과도 바꿀 수 없는 빛으로 가득 차 있다. 감격에 겨워 터져 나올 듯한 울음을 겨우 참아내던 얼굴들이 주변의 순례자와 마주치기만 하면 서로 끌어안고 눈물을 흘리기 바쁘다. 순례자들은 벅찬 감동을 주체할 수가 없다. 이곳은 그런 매력을 지닌 곳이다. 순례자들의 눈빛을 직접 보게 된다면, 누구라도 죽기 전에 한 번쯤 이곳을 걸어봐야겠다고 생각하리라.

순례자들은 지금의 마음을 조금이라도 더 간직하려는 듯 쉽사리 광장을 떠나지 못했다. 누군가는 앉아서, 또 누군가는 누워서 산티아고 대성당의 모습을 눈과 가슴에 담았다. 순례자들의 마음속에는 더 많은 생각이 소용돌이치고 있으리라.

순례자들을 따라 나도 성당 안으로 들어갔다. 광각 렌즈로 찍기조차 부담스러운 대성당은 높이 100m, 폭 70m에 달하는 어마어마한 위용을 자랑한다. 이 성당은 오랜 세월 지어진 만큼 로마네스크 양식, 바로크 양식, 고딕 양식이 함께 섞여 있다. 1995년에 유네스코 세계문화유산에 등록되면서 순례자의 길 역시 함께 등재되었다고 한다.

성당 안은 사람들의 열기로 후끈하다. 입구로 들어서면 뒤쪽에 섬세하게 조각된 오래된 기둥이 보인다. 예수의 계보를 조각해놓은 기둥으로, 성당에 들어선 순례자들이 가장 먼저 들러 기도하는 곳이다. 예전에는 가까이 다가갈 수 있었는데 지금은 아쉽게도 울타리를 쳐놓았다.

마침 미사 중이었다. 라틴어로 진행되는 미사에 주민이나 순례자나 모두 경건한 얼굴이다. 앉았다 일어서기를 몇 차례 반복한 다음 아름다운 음악 소리가 성당 안에 울려 퍼진다. 그리고 순례자에게 보내는 신부님의 축복 메시지가 이어졌다. 전 세계에서 도착한 순례자 수와 출발지를 알려주는 것이다. 우리나라 사람도 어제 둘이 도착했단다. 혹시나 하고 두리번거렸지만, 너무 많은 인파에 나랑 비슷한 얼굴이 어디 있는지 찾아볼 수가 없다. 곳곳에 순례자들의 낡은 배낭이 눈에 띈다. 산티아고 대성당에서만 볼 수 있는 특별한 광경이다.

발걸음을 옮겨 순례자 사무실을 찾아갔다. 사무실에서는 이곳에 도착했다는 확인도장을 크레덴시알Credencial에 찍어주고 순례자임을 증명하는 증명서를 발급해준다. 여기서 수집한 정보는 다음 날 미사 때 발표한다.

순례자 사무실은 성당과는 전혀 다른 작고 조용한 건물이다. 아치형 입

산티아고 대성당. 안에는 야고보의 유해가 모셔져 있다.

구를 지나 정원으로 들어가자 자전거와 배낭들이 나를 반긴다. 순례자들은 흥분을 가라앉히고 어느새 잔잔한 미소를 띠고 있다. 문 안쪽으로 차례를 기다리던 한 순례자가 눈에 띄었다. 그는 경건하게 두 손을 모으고 있다. 사뭇 마음이 편안해진다. 그래, 나도 땀에 절어 꼬질꼬질한 차림새로 6년 전 저 순례자처럼 사무실을 찾았지. 그러나 더러운 차림새와 달리, 마음만은 어느 때보다 티 없이 맑고 깨끗하던 기억이 생생하다. 지금 두 손을 모은 저 순례자의 손 안에도 그 순간이 담겨 있겠지.

순례자들은 이제 가슴속에 켜진 자신만의 빛을 소중히 간직한 채 고향으로 돌아갈 것이다. 그리고 가끔은 이곳 순례자의 길을 그리워하면서 세계 곳곳, 저마다 제자리에서 자신의 빛을 환히 밝힐 것이다.

'별들의 들판'이란 뜻의 산티아고 데 콤포스텔라. 옛날에는 성 야고보를 가리켰지만, 지금은 길을 걷는 사람들의 별처럼 반짝이는 마음을 가리킨다는 생각이 든다. 입가에 슬며시 미소가 번진다. 이곳에 다시 오길 참 잘했다.

가 보 기 ....

마드리드에서 하루에 두 번 직행기차가 있다. 7시간이 걸리는 낮 기차 TALGO와 8시간 50분이 걸리는 야
간 기차 TRENHOTEL이 있다.
기차 www.renfe.com

파리에서 가장 싸고 손쉽게 산티아고 데 콤포스텔라로 가는 방법은 항공을 이용하는 것이다. 부엘링 항
공이 하루에 한 번, 저녁에 운영된다. 공항에 도착하면 공항–시내 간 셔틀버스를 타고 산티아고 대성당
이 있는 구시가지로 들어갈 수 있다.

산티아고 데 콤포스텔라 관광청 www.santiagoturismo.co

맛 보 기 ....

산티아고 대성당에서 이어지는 프랑코 길Rúa do Franco에 갈리시아 지역의 전통음식을 파는 식당이 즐비
하다. 갈리시아 대표 음식은 풀포Pulpo라는 문어요리다. 부드럽게 삶은 문어를 고춧가루와 올리브유로 버
무려낸다. 이외에도 해산물 요리인 마리스코Marisco가 유명하다. 달콤한 디저트로는 200년 역사를 지닌
산티아고 타르타Tarta de Santiago를 빼놓을 수 없다. 아몬드 가루, 달걀, 버터, 시나몬 등으로 파이를 만들
고 그 위에 슈가파우더로 사도 십자가를 그려놓은 게 특징이다.

오스페데리아 산 마르틴 피나리오 Hospedería San Martín Pinario

베네딕트 수도원 안에 있는 식당으로 저렴한 가격에 갈리시아 전통요리를 맛볼 수 있다. 점심과 저녁 시
간에 3코스 메뉴를 선보이는데 맛, 가격, 서비스까지 모두 만족스럽다.
address Plaza de la Inmaculada, 3
telephone 981 56 02 82
url www.sanmartinpinario.eu

머 물 기 ....

산티아고에는 여러 숙박시설이 있다. 관광 안내소에서 주는 다양한 가격대의 숙소목록을 참고한다.

풀포

산티아고 타르타

오스페데리아 산 마르틴 피나리오 Hospederia San Martin Pinario

16~18세기에 지어진 베네딕트 수도원을 개조한 호텔로, 당시 분위기를 맘껏 느낄 수 있다.

address Plaza de la Inmaculada, 3

telephone 981 56 02 82

url www.sanmartinpinario.eu

들러보기...........

산티아고 대성당 Catedral de Santiago de Compostela

순례자들을 위한 미사는 날마다 정오에 열리고, 미사에서는 그 전날 국가별로 도착한 순례자 수를 알려주며 축복해준다. 산티아고 순례길의 마지막 정착지로, 이곳에 왔다면 꼭 들러보기 바란다.

address Santiago de Compostela

telephone 981 569 327

url www.catedraldesantiago.es

순례자 박물관 Museo das Pergrinacions

야고보와 순례자, 순례자의 길에 대한 박물관이다.

address Praza de San Miguel dos Agros, 2-4

telephone 981 581 558

url www.mdperegrinacions.com

즐기기...........

사도 산티아고(성 야고보) 축일이 매년 7월 25일인데, 이날 큰 폭죽행사가 열린다. 축일 날 주변에서는 퍼레이드 등 다양한 행사가 펼쳐진다.

산 마르틴 피나리오

순례자 박물관

구겐하임 미술관과 마망 그리고 핀초

빌바오

Bilbao

빌바오는 스페인 북부에 자리한 바스크 지방의 주도다. 바스크 지방은 북쪽으로는 바다와 인접하고, 서쪽으로는 피레네 산맥이 자리하여 다른 지역에서 접근하기가 쉽지 않다. 지리적인 특징을 보면, 이곳에 독자적인 언어와 문화가 발달한 까닭을 충분히 짐작하겠다.

따라서 이번 여행을 준비할 때 빌바오는 어떻게 가야 할까 난감했다. 빌바오 한 도시만 여행한다면 상관없지만, 다른 도시들과 함께 돌아보게 되니 루트 연결이 관건이었다. 프랑스에서 스페인으로 들어올 때 열차를 타고 가볼까 고민했지만, 열차는 빌바오가 아닌 마드리드로만 향했다. 명색이 바스크 지방의 주도인데 직통 교통편이 없다는 게 의아했다. 버스는 장시간이라 너무 험난했고, 비행기를 타볼까 했지만 그보다 먼 다른 스페인 지역보다 요금이 더 비쌌다. 그나마 저렴한 티켓은 바르셀로나에 들러야 하는 루트라 고심 끝에 결국 빌바오는 마지막 도시로 당첨! 스페인 북부부터 반시계 방향으로 돌려고 했던 계획이 완전히 달라졌다. 순전히 빌바오에 가고 싶은 열망이 만든 결과다.

빌바오는 15세기부터 아메리카 대륙과의 무역을 중심으로 발달했다. 19세기에 영국 산업혁명이 시작되고 가까이에 철광산이 발견되면서 최고의 경제적 번영이 찾아왔다. 철광산에서 캐낸 철로 선박제조 등의 철강산업이 발달하였고, 바다로 이어지는 네르비온 강$^{Ria del Nervion}$에서 영국 등지로 수출이 이루어지면서 스페인에서 손꼽히는 무역항이 됐다. 그러나 20세기 말 철강산업이 쇠퇴하면서 도시는 하락의 길로 접어들었다. 강 주변에 있던 관련 공장들은 이곳에 공해를 일으키고 도시를 지저분하게 하는 데 한몫했다.

이에 빌바오는 이를 극복할 방법을 찾다 새로운 도시 이미지를 만드는 도전을 시작한다. 빌바오의 미래를 생각하는 사람들이 모여 도시재생 프로젝트를 계획했는데, 그중 가장 중점적으로 모색한 것이 구겐하임 미술관 유치였다. 그 결과 이 도시에는 빌바오 구겐하임을 비롯한 독특하고 특색 있는 건물들이 세워지기 시작했다.

구겐하임 미술관은 세계적인 건축가 프랭크 게리$^{Frank Gehry}$(1929~)의 작품이다. 자유롭게 움직이는 물고기를 상상하며 티타늄을 주재료로 만들었다고 한다. 1997년 미술관이 완공됐을 때 사람들의 반응은 폭발적이었다. 건물 자체도 경이로웠지만 그 덕분에 도시 이미지가 완전히 탈바꿈했던 것이다.

구겐하임 미술관 외에도 발렌시아와 메리다에서 본 산티아고 칼라트라바$^{Santiago Calatrava}$의 작품도 있다. 빌바오 공항과 하얀 인도교인 주비주리^{Zubizuri} 다리가 그것이다. 그뿐 아니다. 런던 신시청사와 밀레니엄 브릿지를 설계한 노먼 포스터$^{Norman Foster}$는 세계적인 하이테크 건축가로 지하철을 설계했다. 우리나라에서는 그의 작품을 볼 수 없지만, 그가 설계한 유명한 건축물로는 시가를 세워놓은 듯한 런던의 거킨^{Gherkin} 빌딩과 홍콩의 HSBC 본사, 베이징 신공항 등이 있다.

빌바오 시와 주민들의 노력으로 현재 빌바오는 연간 100만 명의 관광객이 찾는 관광지가 됐다. 이 프로젝트는 '빌바오 효과$^{Bilbao Effect}$'라 불리며 많은 도시가 벤치마킹하고자 했다. 대표적인 도시가 바로 중국의 베이징이다. 중국은 올림픽을 계기로 이색적인 경기장과 건물을 지어 베이징을 이전과 다른 모습으로 탈바꿈시켰다.

내일은 드디어 빌바오 구겐하임 미술관에 가는 날이다. 예전에 필리핀 마닐라로 출장 갔을 때, 하늘 위에서 첫 대면한 마닐라가 떠오른다. 마닐라 상공을 날고 있다는 기장의 멘트가 흘러나오자 나는 비행기 유리창에 코를 박았다. 반짝반짝 다이아몬드처럼 빛나던 마닐라 풍경이 참 인상적이었다. 보석처럼 빛나는 저것은 도대체 뭘까 궁금해하던 차에 비행기가 고도를 낮추기 시작했다. 그때 내 눈에 보인 것은 바로 양철지붕! 다이아몬드처럼 아름답게 빛나던 풍경의 정체는 가난한 사람들이 사는 보금자리였다. 이야기가 조금 빗나갔지만, 3만여 장의 티타늄으로 만들어진 구겐하임 미술관도 햇빛 아래에서 그렇게 반짝이지 않을까 상상해본다. 내일은 태양의 위치, 일몰과 일출에 따라 시시각각 변하는 미술관의 이미지를 감상할 수 있을 거라 기대하며 겨우 잠들었다.

다음 날, 햇빛에 반짝이는 구겐하임을 만나고 싶었는데 날씨가 흐리다. 오전에 비가 조금 내리더니 으슬으슬한 날씨 탓에 사람들은 모두 가을 점퍼를 꺼내 입었다. 호텔에서 미술관까지는 걸어서 20분 정도 걸렸는데 미술관에 가까워질수록 관광객들이 점점 더 많아졌다. 탁 트인 네르비온 강가에 이르자 미술관이 나타냈다. 입구는 티타늄 외관이란 것만 빼면 평범했다. 구겐하임 미술관의 진면목은 입구가 아닌 전체 외관이 다 보이는 강변 쪽에 있으니 감탄은 조금 미뤄두기로 하자.

입구는 미술관보다 꽃으로 만든 거대한 작품 〈강아지〉가 더 인기 있어 보였다. 토피어리Topiary(식물을 여러 모양으로 다듬어 보기 좋게 만드는 기

술이나 작품) 형태의 작품으로, 4만여 송이의 꽃으로 장식된 꽃 강아지다. 유명한 미국작가인 제프 쿤스Jeff Koons(1955~)의 작품이다. 서울에 있는 삼성 리움 미술관이나 신세계 백화점 본점에도 그의 작품이 있다. 제프 쿤스는 미국의 현대미술을 대표하는 작가로, 풍선으로 만든 강아지 인형을 스테인리스강 재질로 만든 것으로 유명하다. 미술관의 강가 쪽 테라스에는 그의 또 다른 작품의 하나로, 매끈한 아름다움을 지닌 〈튤립Tulips〉이 전시돼 있다.

　꽤 비싼 입장료를 내고 미술관 안으로 들어갔다. 미술관에는 20세기 중후반의 현대예술을 대표하는 리처드 세라Richard Serra의 〈시간의 문제The Matter of Time〉, 에두아르도 시이다Eduardo Chillida, 이브 클라인Yves Klein, 앤디 워홀Andy Warhol 등의 작품이 전시돼 있다. 그런데 사람들 대부분은 구겐하임 미술관 건물 자체에 대한 호기심으로 이곳을 찾아온다. 나 역시 그랬다. 그러니 막상 미술관 안에 들어가 작품을 구경한다는 게 조금은 낯설고 얼떨떨했다. 미술관 내부를 돌아다니면서 전시된 작품보다 미술관 내부구조가 어떤지 자꾸 그런 것만 살펴보게 돼 도무지 작품에 집중할 수가 없었다. 아마 미술관에 전시된 예술작품보다 미술관 외형 자체가 더 유명한 곳은 이곳이 세계에서 유일할 거다. 이쯤 되니 한 가지 의문이 든다. 예술작품들을 전시하고 보관할 용도로 미술관을 지었는데, 사람들이 전시된 작품이 아닌 미술관 건물을 보러 온다면, 이걸 어떻게 봐야 할까? 내부의 예술작품이 중심이어야 하는데 그렇지 않은 걸 보면 미술관으로서는 실패한 것이 아닐까?

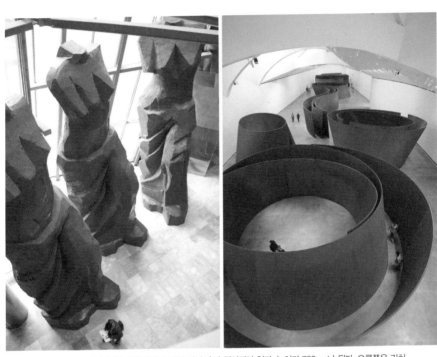

로비에는 짐 다인의 〈세 개의 빨간 스페인 비너스〉가 전시되어 있다. 높이가 762cm나 된다. 오른쪽은 리처드 세라의 작품인 〈시간의 문제〉이다.

빌바오에는 내가 구겐하임 미술관 만큼이나 고대하던 작품이 하나 있다. 미술관 안이 아닌 그냥 강변에 있는 〈마망Maman〉이라는 작품이다. 이 또한 내가 빌바오를 찾은 이유 중 하나다.

미술관 내부를 충분히 본 뒤에 밖으로 나왔다. 큰 건축물을 제대로 감상하려면 멀리 떨어져서 봐야 한다. 그런데 배에서 꼬르륵 소리가 난다. 금강산도 식후경이라고, 미술관에도 식당이 있지만 가격이 생각보다 비싸서 주변을 둘러봤다. 미술관 바로 옆에 놀이터 겸 작은 카페가 보인다. 틀림없이 미술관 식당보다 전망이 좋을 것이다. 안에서는 구겐하임 미술관을 볼 수 없으니 말이다. 조금 쌀쌀했지만 일부러 바깥쪽에 자리 잡고 먹음직스럽게 생긴 달걀 샌드위치와 커피를 주문했다. 달걀노른자 가루가 곱게 뿌려진 샌드위치는 빌바오의 명물인 핀초를 확대해놓은 것처럼 예쁘게 세팅되어 나왔다. 훌륭한 맛의 샌드위치를 먹으며 미술관을 바라본다. 맘에 드는 가격에 눈도 입도 호강 중이다. 바로 옆 놀이터에서 뛰어노는 아이들이 보인다. 세계적인 미술관 옆에서 놀면서 자라는 아이들은 얼마나 행복할까? 나처럼 멀리서 비행기를 타고 날아오지 않아도 되고……. 축복받은 아이들이다.

간단한 점심을 먹고 강변을 따라 산책하듯 내려가다 〈마망〉을 만났다.

"만나서 반가워, 거미!"

〈마망〉 자체도 꽤 거대한데 미술관 옆에 있으니까 거미가 아니라 개미 같다. 철제로 만든 이 대형거미는 루이스 부르주아Louise Joséphine Bourgeois의 작품이다.

내가 처음 〈마망〉을 만난 건 이태원의 리움 미술관에 갔을 때였다. 9m 높이의 거대한 거미가 정원 한가운데에 버티고 서 있는데, 마치 톰 크루즈가 출연한 영화 〈우주전쟁The War of the Worlds〉에 나오는 괴물 같았다. 기다란

철제다리를 가진 징그러운 거대거미의 모습. 게다가 함께 간 K군의 설명을 듣자니 〈마망〉은 전 세계에 흩어져 있단다. 그 얘기를 듣고 난 SF 영화 같은 상상을 펼친다. 〈마망〉은 틀림없이 '외계인 침공'과 관련 있을 것이다. 지금은 조각으로 세워져 있지만 사실은 외계인이 지구를 정복하려고 보낸 우주괴물로, 지구가 멸망하는 그날 외계로부터 송신을 받아 움직이기 시작해 레이저 빔을 쏘아대며 세계 곳곳을 불바다로 만들 것이다. 하지만 내 엉뚱하고 유치한 상상과는 180도 다르게, 〈마망〉은 모성애를 표현했다는 설명을 듣고 깜짝 놀랐다. 그때 K군은 내게 거미의 배를 살펴보라고 했다.

거미는 뱃속에 대리석 알을 품고 있었다. 차가운 느낌의 검은 몸과 달리 알은 새하얗고 매끈했다. 우리에게 공포감을 주는 거대한 거미도 어미로서 뱃속에 알을 품고, 또 알을 지키고자 다른 사람들이 아무리 두려워하더라도 당당하게 서 있단다. 두렵게만 느껴지던 거미가 갑자기 위대해 보였다. 공포를 주려고 서 있는 게 아니라 사람들의 공포 속에서도 꿋꿋하게 서 있는 거대거미가 감동으로 다가왔다.

그녀의 작품은 우리나라를 비롯해 일본, 러시아, 캐나다, 미국, 스페인에 있는데, 빌바오 구겐하임도 그중 하나다. 나는 여러 나라를 여행할 때마다 〈마망〉이 있는 곳을 늘 생각해둔다. 그리고 〈마망〉을 만날 때마다 보편적 진리인 모성애에 관해 다시 한 번 생각해본다. 비록 머리색과 피부색은 달라도 아이를 생각하는 엄마의 마음은 모두 같을 테니, 모성애야말로 세계를 하나로 만드는 세계 통합의 메시지라는 생각이 든다.

다리를 건너 다시 돌아오면서 강 건너편에서, 그리고 마지막으로 다리 Puente Príncipes de España 위에서 다양한 각도로 미술관을 감상했다. 다리를 올라가는 길에서 티타늄 패널이 좀 더 자세히 보인다. 이렇게 돌아보니 강변

둘레가 하나의 거대한 야외 미술관 같다. 흐름이 느껴지는 율동적인 곡선을 티타늄으로 구현했다는 게 참으로 멋지다. 마치 금속으로 만들어진 물고기 같다. 이곳이 공장과 더러운 공기와 물로 채워져 있었다니 믿어지지 않는다. 자신들이 사는 도시를 좀 더 아름답고 살기 좋은 곳으로 만들고, 더 나은 환경을 갖추려고 노력한 빌바오 시와 주민들의 애정 어린 노력이 고스란히 느껴진다. 뭐든 최선을 다하면 결실이 있는 법이다. 빌바오 시는 그 꿈을 이뤘다.

다음 날, 아침을 먹으러 작은 바에 들렀는데 그만 앙증맞은 핀초에 반해 버렸다. 마치 꽃박람회에서 울긋불긋 온갖 색깔의 꽃들이 줄 맞춰 정렬한 모습이다. 다른 도시에서라면 아침으로 바게트와 커피를 먹었겠지만, 빌바오에서는 아침, 점심, 저녁 모두 핀초로 해결했다. 내가 핀초와 사랑에 빠졌던 것 같다.

핀초Pintxo는 스페인 전역에서 맛볼 수 있지만, 바스크 지방에서 태어나 발전해온 음식이다. 바스크 지방의 도시 중에서도 주도인 빌바오야말로 핀초의 성지다. 핀초는 작은 형태의 스낵인데, 얇은 나무꽂이에 꽂혀 있는 게 특징이다. 핀초의 말뜻 역시 '나무꽂이'다. 얇게 자른 바게트에 하몽이나 해산물, 달걀 등의 다양한 재료가 올려져 있다. 한두 입 크기로 먹기 편하고 모양 역시 앙증맞고 예쁘다. 핀초 몇 개면 간단한 식사가 되고, 와인이랑 잘 어울려 술안주로도 제격이다.

빌바오 주민에게 빌바오에서 가장 맛있는 핀초를 먹을 수 있는 곳이 어디냐고 물었다. 사람들이 누에바 광장Plaza de Nueva으로 가란다. 네모난 광장 주변으로 레스토랑과 카페, 바가 있는데 어디로 가야 할지 몰라 몇몇 곳을 탐방했다.

앙증맞은 핀초. 간식으로, 간단한 식사로, 또 안주로도 손색이 없다.

빌바오에서 가장 유명한 핀초바, 카페 바르 빌바오

그중에 카페 바르 빌바오 Café Bar Bilbao가 최고로 보였다. 가게 안에서는 어린아이부터 노인에 이르기까지 모든 연령대의 사람들이 핀초를 즐기고 있었다. 1911년에 문을 연 가게가 옛날이나 지금이나 한결같이 사랑받는다는 증거다. 가게 안의 분위기도 좋았지만 핀초의 가짓수가 두 손으로 다 세지 못할 만큼 많았다. 그리고 가장 중요한 맛까지 두루두루 마음에 쏙 드는 곳이다. 이미 몇 군데를 들러 배가 불렀지만 저녁을 미리 먹어둔다는 마음으로 손가락으로 핀초 몇 개를 가리켜 주문했다. 바게트 위에 하몽을 얹고 그 위에 치즈와 앤초비, 마지막으로 올리브를 얹은 핀초, 바삭한 파이 위에 올리브에 절인 대구살과 구운 호박, 무순으로 장식한 핀초, 바게트 위에 채소가 들어간 달걀을 얹고 치즈와 칵테일 새우를 꽂은 핀초…… 하나같이 무슨 예술 작품 같다. 내가 보기엔 작은 바게트 조각에 버터랑 잼을 바를 자리조차 없어 보이는데, 갖가지 재료를 써서 이토록 섬세하게 장식하다니 놀랍고 또 재미있다. 문득 이렇게 예쁘고 맛난 음식이 세상에 있다는 것에 감사하는 나를 발견한다. 여행의 또 다른 묘미는 이처럼 새로운 음식의 발견이 아닐까 싶다.

그런데 핀초를 먹을 때 조심해야 할 것이 하나 있다. 핀초의 가격은 1~2유로 정도로 저렴한 편이다. 하지만 먹는 재미에 빠져 한 개씩 야금야금 주문하다 보면 어느새 주머니가 홀쩍 가벼워지고 만다. 이것이 핀초가 지닌 유일한 단점이다.

가 보기 ....

항공은 유럽의 주요도시에서 빌바오로 연결된다. 공항은 시내와 15km 떨어져 있다. 기차는 마드리드에서 4시간 50분, 바르셀로나에서는 6시간 20분 정도 걸린다.

기차 www.renfe.com
빌바오 관광청 www2.bilbao.net/bilbaoturismo/index_ingles.htm

맛 보기 ....

카페 바르 빌바오 Café Bar Bilbao
1911년부터 운영된 핀초 전문점으로 빌바오 시에서 가장 유명하다.
address Calle Nueva, 6
telephone 944 15 16 71
url www.bilbao–cafebar.com

머 물 기 ....

간바라 호스텔 Ganbara Hostel
홀로 다니는 배낭 여행자에게 안성맞춤인 호스텔로 기차역과 구시가지 근처에 있다.
address Prim 13, bajo
telephone 944 05 39 30
url www.ganbarahostel.com

호스텔 알베르게 빌바오 Hostel Albergue Bilbao
빌바오 구겐하임 미술관 건너편에 있는 호스텔로 미술관을 온종일 감상하고 싶은 사람에게 추천한다.
address universidades 5
telephone 608 61 09 77
url hostelbilbao.wordpress.com

둘 러 보 기 ....

구겐하임 빌바오 미술관 Guggenheim Bilbao Museum
구겐하임 미술재단이 빌바오에 만든 미술관으로 빌바오를 상징하는 대표적인 명소다.
address Avenida Abandoibarra, 2
telephone 944 35 90 00
url www.guggenheim–bilbao.es

카페 바르 빌바오

다양한 핀초

스페인 소도시 | 여행

2012년 6월 11일 초판 1쇄 발행
2019년 4월 8일 초판 5쇄 발행

지은이 | 박정은
발행인 | 이원주

발행처 | (주)시공사
출판등록 | 1989년 5월 10일(제3-248호)

주소 | 서울시 서초구 사임당로 82 (우편번호 06641)
전화 | 편집 (02)2046-2897 · 마케팅 (02)2046-2800
팩스 | 편집 · 마케팅 (02)585-1755
홈페이지 | www.sigongsa.com

ISBN   978-89-527-6558-1   14980